Julia Lüddecke

Fehler beim Problemlösen

Empirische Erkundungen zu Fehlern beim
Bearbeiten mathematischer Probleme

disserta
Verlag

Lüddecke, Julia: Fehler beim Problemlösen: Empirische Erkundungen zu Fehlern beim Bearbeiten mathematischer Probleme. Hamburg, disserta Verlag, 2015

Buch-ISBN: 978-3-95425-898-7
PDF-eBook-ISBN: 978-3-95425-899-4
Druck/Herstellung: disserta Verlag, Hamburg, 2015
Covermotiv: © Uladzimir Bakunovich – Fotolia.com

Bibliografische Information der Deutschen Nationalbibliothek:
Die Deutsche Nationalbibliothek verzeichnet diese Publikation in der Deutschen Nationalbibliografie; detaillierte bibliografische Daten sind im Internet über http://dnb.d-nb.de abrufbar.

© disserta Verlag, Imprint der Diplomica Verlag GmbH
Hermannstal 119k, 22119 Hamburg
http://www.disserta-verlag.de, Hamburg 2015
Printed in Germany

„Hast du einen jungen Menschen davor bewahrt, Fehler zu machen,

dann hast du ihn auch davor bewahrt, Entschlüsse zu fassen."

(John Erskine, 1879 - 1951, US-amerikanischer Literaturwissenschaftler)

INHALTSVERZEICHNIS

1. EINLEITUNG

„Die Neugier steht immer an erster Stelle eines Problems, das gelöst werden will."

(Galileo Galilei)

Im Alltag stehen wir Tag für Tag immer neuen Problemen[1] gegenüber, für deren Lösung wir nicht direkt auf vorhandenes Wissen zurückgreifen können. Immer wieder gilt es komplexe Anforderungen, ob im Beruf, im privaten Leben oder in der Schule, zu meistern. Es gibt also wenige Bereiche unseres Lebens, in denen Problemlösen keine wichtige Rolle spielt. Der bedeutende österreichisch-britische Philosoph Karl Popper geht in seinem Werk *Alles Leben ist Problemlösen* sogar so weit, *„das Leben als Problemlösen schlechthin [...]"* (Popper 1994: 70) zu bezeichnen. Problemlösen ist also ein wesentlicher Bestandteil unseres Lebens, den es in der schulischen Ausbildung zu berücksichtigen gilt und der sich daher auch als Lerngegenstand im Mathematikunterricht wiederfindet.

Die Förderung der Problemlösefähigkeit[2] ist seit den 70er Jahren ein zentrales Ziel des Mathematikunterrichts. Durch die Befunde internationaler Vergleichsstudien, insbesondere der TIMS[3] Studie 1995, ist diese Fähigkeit wieder stärker in den Fokus mathematikdidaktischer Forschung gerückt. Die Ergebnisse im Rahmen der ersten Erhebungswelle der TIMS-Studie zeigten auf, dass deutsche Schülerinnen und Schüler erhebliche Defizite beim Problemlösen aufweisen. Daher kann zu diesem Zeitpunkt von keiner zufriedenstellenden Umsetzung dieser Zielsetzung gesprochen werden. In Folge dieser Befunde wurde die Problemlösefähigkeit als prozessbezogener Kompetenzbereich in die deutschen Bildungsstandards und die Bildungspläne der einzelnen Bundesländer aufgenommen (vgl. NKM 2006, KMK 2003). Mit dieser konkreten Zielsetzung des Mathematikunterrichts geht die Fragestellung einher, wie die Problemlösefähigkeit „besser als bisher" gefördert werden kann. Ein möglicher Zugang besteht darin, das vorhandene Wissen über Problemlösen durch Forschung, Entwicklung und Erprobung anzureichern (vgl. BLK 1997). Das so neu erworbene Wissen kann dann als Grundlage für eine zielgerichtete didaktische Einflussnahme dienen.

Die Ansätze und Methoden zur Förderung der Problemlösefähigkeit in der Literatur sind vielfältig. Ein Ansatzpunkt zur Förderung der Problemlösefähigkeit ist der „Fehleraspekt", denn nicht selten sind verschiedene Fehler dafür verantwortlich, dass das Finden einer Lösung

---

[1] An dieser Stelle wollen wir unter einem Problem eine schwierige Aufgabe verstehen, welche nicht sofort gelöst werden kann.
[2] In diesem Buch wird der Begriff *Problemlösefähigkeit* synonym mit der heute verwendeten Begrifflichkeit *Problemlösekompetenz* verwendet.
[3] Third International Mathematics Science Study; seit 2003 Trend International Mathematic Science Study.

1

behindert oder sogar verhindert wird. Die vorliegende Masterarbeit soll einen Einblick geben, wie eine sorgfältige Analyse von Fehlern beim Bearbeiten mathematischer Probleme dazu beitragen kann, die Problemlösefähigkeit (mittel- oder längerfristig) zu verbessern, indem die Befunde Mathematiklehrenden Anregungen für eine gezielte didaktische Einflussnahme zur Förderung der Problemlösekompetenz geben können. Vor diesem Hintergrund werden im Rahmen einer empirischen Erkundungsstudie Fehler von Lernenden aus der Oberstufe analysiert. Da Fehler beim Problemlösen bisher noch recht wenig erforscht wurden, hat die vorliegende Untersuchung insbesondere das Ziel, unser Wissen über Fehler und den Umgang mit Fehlern zu erweitern. Denn erst wenn eine entsprechende Wissensgrundlage vorhanden ist, lassen sich mögliche Anknüpfungspunkte für eine gezielte didaktische Einwirkung ableiten.

2. THEORETISCHE GRUNDLAGEN

Das Wort *Problem* hat griechisch-lateinischen Ursprung und bedeutet übersetzt *„der Vorwurf, das Vorgelegte"*. Der Begriff hat zwei verschiedene semantische Bedeutungen. Zum einen ist damit eine schwierig zu lösende Aufgabe, Fragestellung, unentschiedene Frage oder Schwierigkeit gemeint. Zum anderen wird damit eine schwierige geistvolle Aufgabe im Kunstschach bezeichnet (vgl. Schülerduden Fremdwörterbuch 2002: 420). Dieser Untersuchung liegt erstere Auffassung zugrunde.

2.1 PROBLEMLÖSEN - PSYCHOLOGISCHE SICHTWEISE

Im Kontext der Psychologie lässt sich Problemlösen der Allgemeinen Psychologie und konkret dem Teilbereich der Denkpsychologie zuordnen (vgl. Dörner 1979).

2.1.1 DER PROBLEMBEGRIFF

In der wissenschaftlichen Literatur findet man eine ganze Reihe von verschiedenen Problemdefinitionen. Die folgende, sehr verbreitete Begriffsbestimmung geht auf Karl Duncker zurück:

„Ein „Problem" entsteht z.B. dann, wenn ein Lebewesen ein Ziel hat und nicht „weiß", wie es dieses Ziel erreichen soll. Wo immer der gegebene Zustand sich nicht durch bloßes Handeln (Ausführen selbstverständlicher Operationen) in den erstrebten Zustand überführen läßt, wird das Denken auf den Plan gerufen." (Duncker 1935: 1).

Ähnlich charakterisiert Dörner den Problembegriff: *„Ein Individuum steht einem Problem gegenüber, wenn es sich in einem inneren und äußeren Zustand befindet, den es aus irgendwelchen Gründen nicht für wünschenswert hält, aber im Moment nicht über die Mittel verfügt, um den unerwünschten Zustand in den wünschenswerten Zielzustand zu überführen."* (Dörner 1979: 10).

Aus dieser Auffassung eines Problems leitet Dörner drei wesentliche Komponenten ab, durch die für ihn ein Problem gekennzeichnet ist. Diese lassen sich auch in der Problemdefinition nach Duncker (1935) wiederfinden:

1. Unerwünschter Anfangszustand
2. Erwünschter Endzustand
3. Barriere, welche die Transformation von 1) in 2) im Moment verhindert

(vgl. Dörner 1979: 10, Klix 1971: 639f.)

In ähnlicher Form definieren auch Lüer & Spada (1990: 256) ein Problem: *„Ein Problem liegt dann vor, wenn ein Subjekt an der Aufgabenumwelt Eigenschaften wahrgenommen hat, sie in einem Problemraum intern repräsentiert und dabei erkennt, dass dieses innere Abbild eine oder mehrere unbefriedigende Lücken enthält. Der Problemlöser erlebt eine Barriere, die sich zwischen dem bekannten Istzustand und dem angestrebten Ziel befindet."*

Durch diese Betrachtungsweise lassen sich Probleme eindeutig von Routineaufgaben abgrenzen. Liegt für den Problembearbeiter ein Hindernis in Form einer Barriere vor, das die Überführung des Anfangszustandes in den Zielzustand behindert, erfordert das eine Denkleistung der Person, die über das reproduktive Denken hinausgeht. Ist eine solche Denkleistung zur Lösung erforderlich, spricht man aus (denk-) psychologischer Sicht von einem Problem (vgl. Dörner 1979: 10). Dörner macht zudem deutlich, dass es personenspezifisch ist, ob es sich für ein Individuum um ein Problem oder eine Aufgabe handelt. Beispielsweise stellt für einen Dachdecker das Dachdecken kein Problem, sondern eine Routineaufgabe dar, wohingegen der Laie erhebliche Schwierigkeiten bei der Bewältigung dieses Problems hätte. Demzufolge hängt es von der Vorerfahrung des Individuums ab, ob es sich um eine Aufgabe oder ein Problem handelt (vgl. Sell & Schimweg 2002: 1).

2.1.2 PROBLEMKATEGORIEN

Die Klassifikation von Problemen nach Unterscheidungskriterien *„stellt einen Versuch dar, Ordnung in die Vielzahl unterschiedlicher Probleme zu bringen. Obwohl es manchmal schwer ist, Probleme eindeutig einzelnen Kategorien zuzuordnen, stellen Taxonomien von Problemen ein nützliches Hilfsmittel in der Problemlöseforschung dar."* (Knoblich 2002: 648).

In der Literatur findet man verschiedene Klassifikationen von Problemen zum Beispiel von McCarthy (1956), Arlin (1989) und Lüer & Spada (1990). In der deutschsprachigen Literatur ist vor allem eine solche Problemkategorisierung nach Dörner (1979) bekannt, der Probleme hinsichtlich der verschiedenen Barrieretypen unterscheidet.

Die Barriere, die ein Problem von einer Aufgabe abgrenzt, kann durch verschiedene Merkmale gekennzeichnet sein. Zum Beispiel können die Mittel, die zur Überführung des Problems nötig sind, bekannt oder unbekannt sein. Ferner kann auch der Zielzustand, den es zu erreichen gilt, dem Problembearbeiter unbekannt oder bekannt sein. Diese unterschiedlichen Anforderungen, die zur Lösung eines Problems erforderlich sind, führen zu einer Klassifikation von Problemen nach gesuchten und gegebenen Merkmalen. Eine solche Unterteilung nach den Dimensionen *Bekanntheitsgrad der Mittel* und *Klarheit der Zielkriterien* findet man bei Dörner (1979: 11f).

		Klarheit der Zielkriterien	
		hoch	gering
Bekanntheitsgrad der Mittel	hoch	*Interpolationsbarriere*	*Dialektische Barriere*
	gering	*Synthesebarriere*	*Dialektische Barriere und Synthesebarriere*

Abbildung 1: Klassifikation von Barrieretypen nach Dörner (1979)

Dörner spricht von einer **Interpolationsbarriere**, wenn der Zielzustand und die Mittel zur Lösung des Problems bekannt sind, nicht aber deren exakte Kombination, die zur Lösung des Problems erforderlich ist. Exemplarisch führt er dafür das *Kursbuchproblem*[4] an: Morgens um 7 Uhr möchte man aus Bottrop-Boy abreisen, um im Laufe des Tages in Neumarkt/Oberpfalz anzukommen. Start und Ziel sind bekannt und das Kursbuch enthält sämtliche notwendige Informationen. Die Barriere besteht darin, dass die *Interpolation* zwischen Anfangs- und Zielzustand behindert ist (vgl. Dörner 1979: 12). Um das Problem zu lösen, müssen aus der hohen Anzahl von Mitteln, die dem Individuum zur Verfügung stehen, die richtigen Mittel ausgewählt und diese dann geschickt kombiniert werden.

Von der Interpolationsbarriere zu unterscheiden, ist die **Synthesebarriere**. Diese ist dadurch gekennzeichnet, dass der Zielzustand bekannt ist, nicht aber die Mittel, die zur Lösung des Problems notwendig sind. Um das Problem zu lösen, muss zunächst eine nützliche Ausstattung von Operationen zugänglich gemacht werden. Als Beispiel für diesen Barrieretyp lässt sich das Hängebrückenproblem (Sell 1991: 20f.) anführen:

„Eine Hängebrücke über einen Fluss soll nachts von vier Personen überquert werden. Aus Sicherheitsgründen darf die Überquerung nur mit einer Taschenlampe durchgeführt werden, diese ist von den überquerenden Personen mitzuführen und besitzt eine Leuchtkraft von genau 60 Minuten. Gleichzeitig dürfen sich nur zwei Personen auf der Brücke aufhalten. Die Personen benötigen für die Überquerung unterschiedliche Zeiten, nämlich A = 5 Minuten, B = 10 Minuten, C = 20 Minuten und D = 25 Minuten. Gehen zwei Personen gleichzeitig, bestimmt der Langsamere das Tempo. In welcher Reihenfolge müssen die Personen die Brücke überqueren, damit sie nach 60 Minuten alle auf der anderen Flussseite sind?“

---

[4] Im Zeitalter abrufbarer elektronischer Fahrpläne, handelt es sich heutzutage nicht mehr um ein Problem.

Des Weiteren führt Dörner die **Dialektische Barriere** an. Dieser Problemtyp unterscheidet sich grundlegend von den vorangegangen, da der angestrebte Zielzustand, in den der Ausgangszustand überführt werden soll, unbekannt ist. Mit diesem Problemtyp gehen häufig *Komperativkriterien* einher: *„Eine neu eingerichtete Wohnung soll <u>schöner</u> werden als die alte. Dabei bleibt unklar, um wie viel schöner und hinsichtlich welcher Kriterien schöner."* *(Dörner 1979: 13)*. Dieser Typ ist dadurch charakterisiert, dass ein Entwurf für einen Zielzustand auf Widersprüche überprüft und dementsprechend verändert wird.

Neben den drei wesentlichen Barrierekategorien kann für Dörner auch eine Kombination dieser in Form einer **Dialektischen Barriere und Synthesebarriere** vorliegen, wenn nicht nur der Zielzustand unbekannt ist, sondern auch die Mittel, die zur Lösung des Problems erforderlich sind.

An dieser Stelle ist, wie in Kapitel 2.1.1 bereits bemerkt wurde, nochmals zu erwähnen, dass die Einordnung eines Problems in eine Problemkategorie stark vom Problembearbeiter abhängt. Zudem sind die Grenzen zwischen den Barrieren unscharf und fließend, da die Problemtypen auch kombiniert auftreten können. Auch Sell & Schimweg (1992: 15) machen deutlich, dass eine Problemkategorisierung nur bedingt gültig ist, da personenspezifische und situationsspezifische Gegebenheiten Einfluss auf die Problemeinordnung nehmen.

Zusammenfassend lässt sich konstatieren, dass sich verschiedene Arten von Problemen unterscheiden lassen. Demzufolge gibt es verschiedene Formen problemlösenden Verhaltens. Dennoch muss, unabhängig von der Problemkategorie, zur *„Lösung ein geistiger und handlungsorientierter Prozess in Gang gesetzt werden."* (Burchartz 2003: 21). Dieser Problemlöseprozess soll im folgenden Kapitel beschrieben werden.

2.1.3 DER PROBLEMLÖSEPROZESS[5]

In der denkpsychologischen Literatur hat sich bis heute in großen Teilen die Auffassung etabliert, dass Problemlösen als Informationsverarbeitung verstanden wird. Diese Auffassung basiert auf Grundlage der *Problemraumtheorie* von Newell & Simon (1972) und hat die Annahme, dass der Mensch ein informationsverarbeitendes System ist.

Unter Problemlösen wird der Prozess verstanden, der es ermöglicht, den Ausgangszustand mit Hilfe von (inneren und äußeren) Operationen in den erwünschten Zielzustand zu transformieren (vgl. Dörner 1979: 15). Dörner unterscheidet zwischen *Operatoren*, womit die allgemeine

---

[5] In der Literatur findet man häufig die Begriffe *Problemlöseprozess* und *Problembearbeitungsprozess*. Letzterer schließt ein, dass keine Lösung gefunden wird. Nicht selten spricht man aber auch von Problemlösen, wenn keine Lösung für das Problem gefunden wird.

Form einer Handlung gemeint ist, und *Operationen*, welche die konkrete Realisierung des Operators beinhalten. Darüber hinaus ordnet Dörner den Problemen verschiedene *Realitätsbereiche* (Ausschnitte der Wirklichkeit) zu, die wiederum unterschiedliche *Sachverhalte* und Operatoren einschließen. Beispielsweise umfassen die Operationen im Realitätsbereich „Schach" sämtliche regelkonformen Züge, wohingegen alle möglichen Schachfigur-Konstellationen die verschiedenen Sachverhalte des Realitätsbereiches darstellen. Grundsätzlich geht es beim Problemlösen um *„die Umwandlung bestimmter Sachverhalte mit Hilfe bestimmter Operatoren, und ein Realitätsbereich ist durch diese beiden Mengen von Dingen charakterisiert."* (ebenda: 16).

In der psychologischen Literatur (z.B. Selz 1924: 10f., Dörner 1979: 39) lassen sich grundsätzlich drei verschiedene Ablaufmerkmale finden, durch die der Problemlöseprozess gekennzeichnet ist:

1. Der Denkvorgang besteht aus einer Abfolge von unterscheidbaren Teilprozessen

2. Diese Teilprozesse sind nicht wahllos angeordnet

3. Die Durchführung des Problemlöseprozesses erfolgt mehrschichtig

Die Prozesse, die während der Problembearbeitung ablaufen, sind komplex und in verschiedene Teilprozesse unterteilt. Die einzelnen (Teil-) Prozesse sind nicht direkt sichtbar und lassen sich nur aus dem Verhalten der Person ableiten. Die Phasen, die bei der Problembearbeitung aufeinanderfolgen, lassen sich in inhaltlich unterscheidbare Abschnitte einordnen. Psychologische Stufenmodelle des Problemlösens, die den Ablauf von Problembearbeitungsprozessen erklären sollen, verwenden eine Abfolge von (linearen) Stufen. Zum Beispiel charakterisiert Köster (1988: 129f.) den Ablauf von Problemlöseprozessen als lineare Abfolge von fünf zeitlich aufeinanderfolgender Stufen:

1. Bewusstwerden der Problemsituation
2. Problemanalyse und Fragestellung
3. Hypothesenbildung (Vermutungen) und Suche des Lösungsweges
4. Finden der Lösung
5. Kontrolle und Bewertung des Lösungsergebnisses

Auch für Wessels (1994: 338f.) umfasst der Ablauf des Problemlöseprozesses vier aufeinanderfolgende Phasen:

1. Definition des Problems (enthält Anfangs- und Endbeschreibung)
2. Aufstellen einer Strategie, einer Methode oder eines Plans
3. Exekution der Strategie
4. Evaluierung des Fortschritts bezüglich des Ziels

Die Stufenmodelle suggerieren eine idealtypische lineare Abfolge der Teilprozesse des Problembearbeitungsprozesses, welche sich so geradlinig lediglich in den jeweiligen Modellen wiederfinden lassen. In der Regel ist der Lösungsprozess eher als ein Kreislauf zu verstehen, der durch Prüf- und Handlungsphasen gekennzeichnet ist, bis der (erwünschte) Zielzustand erreicht ist. Der Grundgedanke dieses Kreisprozesses findet sich bereits in der **T**est – **O**perate – **T**est – **E**xit – Einheit (kurz TOTE – Einheit) bei Miller/Galanter/Pribram (1960) (vgl. Abb. 2).

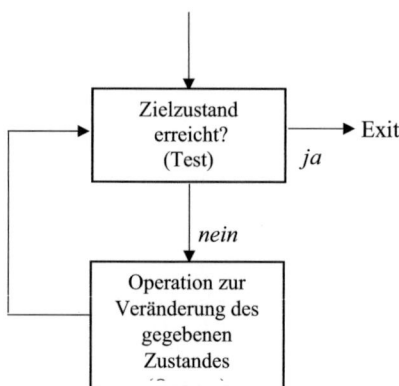

Abbildung 2: TOTE – Einheit nach Miller/Galanter/Pribram (1960)

Im Zuge neuerer Erklärungsansätze des Problemlöseprozesses wird dieser Kreislaufgedanke aufgegriffen. Einem neueren kognitionspsychologischen Ansatz zufolge, welcher auf die Problemraumtheorie von Newell & Simon (1972: 59f.) zurückzuführen ist, besteht der Problemlöseprozess aus zwei Phasen, einem *Verstehensprozess* und einem *Suchprozess,* zwischen denen hin und her gewechselt wird, bis das Problem zufriedenstellend gelöst wird. Arbinger (1997: 32) veranschaulicht den Problemlöseprozess nach Newell & Simon (vgl. Abb. 3) und zeigt anhand dieser Abbildung auf, *„daß Problemlösen keineswegs als linearer Prozeß zu verstehen ist. In jeder Phase sind Rücksprünge möglich, auch kann der gesamte Prozeß mehrfach durchlaufen werden.“* (ebenda: 33).

In der Verstehensphase erfolgt zunächst der Aufbau einer *Problemrepräsentation* bzw. eines *Problemraumes*. Während dieser ersten Phase versucht der Problembearbeiter, das Problem unter Einbeziehung seines Wissens über die Ist/Soll- Kriterien und potenzielle Lösungsmöglichkeiten zu verstehen. In der sich anschließenden zweiten Phase erfolgt die Suche in diesem Problemraum nach Operatoren, die die Transformation des Ausgangszustandes in den (erwünschten) Zielzustand ermöglichen (vgl. ebenda: 31f.). Bei der Wahl der Operatoren greift der Problembearbeiter auf sogenannte heuristische Strategien (siehe Kap. 2.1.4) zurück. Diese Theorie ist für Funke (2003: 63) *„bis heute die Grundlage des funktionalistischen Ansatzes"*.

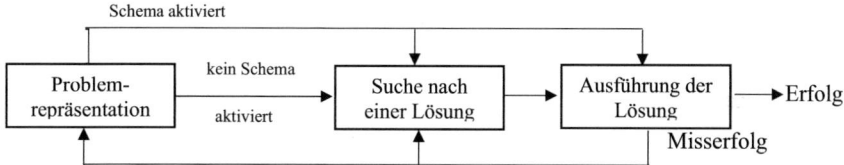

Abbildung 3: Schematische Darstellung des Problemlöseprozesses nach Newell & Simon (zitiert nach Arbinger 1987)

Diese beiden Phasen des Problembearbeitungsprozesses werden durch die kognitive Struktur getragen, die nach Dörner (1979: 26f.) dem Problemlösen zugrunde liegt. Diese umfasst für ihn die *epistemische Struktur* und die *heuristische Struktur.*[6] Beide Gedächtnisstrukturen sind für ihn maßgebend, um ein Problem lösen zu können. Unter der epistemischen Struktur versteht Dörner das Wissen über den Realitätsbereich, welches u.a. Kenntnisse über Operatoren sowie Informationen über mögliche Sachverhalte einschließt. Geht man beispielsweise von der Mathematik als Realitätsbereich aus, umfasst die epistemische Struktur mathematische Begriffe, Sätze und algorithmische Verfahren (vgl. Heinrich 2004: 66). Dieses Wissen liefert die Grundlage für die heuristische Struktur, ohne die ein Problem nicht lösbar wäre. Damit meint Dörner Lösungsmethoden, die vom Problembearbeiter zunächst konstruiert werden müssen, um ein Problem zu lösen. Diese verschiedenen Konstruktionsverfahren werden im Weiteren als *Heurismen* oder *heuristische Verfahren*[7] bezeichnet und sollen im nächsten Kapitel erklärt werden. Sie machen nach Dörner (1979) die *heuristische Struktur* aus.

---

[6] Diese Unterscheidung erfolgt auf der Basis von Piaget Auffassung von Assimilations- und Akkomodationsprozessen.
[7] Dieser Begriff wird in der Literatur nicht einheitlich verwendet (vgl. Becker 1987: 123f.).

2.1.4 PROBLEMLÖSEHEURISMEN

Unter dem Wort *Heuristik* versteht man zum einen die Lehre bzw. Wissenschaft von den Verfahren, Probleme zu lösen. Zum anderen wird darunter die methodische Anleitung bzw. Anweisung zur Gewinnung neuer Erkenntnisse verstanden (vgl. Schülerduden 2002: 214).

Wie in Kapitel 2.1.3 bereits angedeutet, ist zum Lösen eines Problems nicht nur das Wissen über den Realitätsbereich bedeutsam, sondern diesem Bereich des reproduktiven Denkens muss produktives Denken „übergeordnet" werden. Das bedeutet, dass Teilprozesse unterscheidbarer geistiger Handlungen nicht willkürlich oder intuitiv aufeinanderfolgen, sondern bewusst und zielgerichtet eingesetzt werden. *„Um diese geistigen Handlungen so organisieren zu lernen, sind bestimmte Konstruktions- und Verfahrenselemente (Heuristik) anzuwenden."* (Sell & Schimweg 2002: 67).

Dörner (1979: 38) versteht unter *Heurismen „Programme für die geistigen Abläufe, durch welche Probleme bestimmter Form unter Umständen gelöst werden können"*, die Lösung aber nicht garantieren. Präziser gesagt, ist für ihn ein heuristisches Verfahren, ein nicht willkürlicher Ablauf mentaler Operationen, welche, zielgerichtet eingesetzt, zum Lösen eines Problems führen können. Zu diesen geistigen Operationen gehören u.a. das logische Schließen, der Analogieschluss, das Abstrahieren, das Konkretisieren, das Vergleichen und das Klassifizieren.[8] Diese unterliegen bestimmten Koppelungsgesetzen, zu denen auch die TOTE – Einheit gehört (vgl. Abb. 2). Die Wahl der *heuristischen Verfahren* hängt in der Regel vom Problemtyp ab.

---

[8] Eine nähere Erläuterung von Heuristiken erfolgt im Kontext der Mathematikdidaktik in Kapitel 2.2.3.

2.2 PROBLEMLÖSEN – MATHEMATIKDIDAKTISCHE SICHTWEISE

„Da das Lösen von Problemen sowohl im Alltagsleben als auch in der Wissenschaft eine große Rolle spielt, muss die Fähigkeit des Individuums zum Lösen von Problemen auch ein Bildungs- und Erziehungsziel eines jeden Unterrichts darstellen.“ (Heinrich 2004: 49).

Dieser Auffassung von Problemlösen liegt die Annahme zugrunde, dass es kaum einen Lebensbereich gibt, indem Problemlösen *nicht* bedeutsam wäre. Aus dieser Ansicht leitet sich die Forderung ab, dass das Problemlösen eine Schlüsselqualifikation darstellt, die im Gegensatz zu den bereichsspezifischen Kompetenzen als *crosscurriculare*, d.h. fächerübergreifende Fähigkeit betrachtet werden kann (vgl. Funke 2003: 13) und demnach in besonderer Weise im Unterricht gefördert werden sollte.

Das vorliegende Buch soll sich im Folgenden auf den Realitätsbereich *Schulmathematik* fokussieren. In der mathematikdidaktischen Literatur hat sich heutzutage die psychologische Sichtweise des Problemlösens etabliert, wie im Weiteren erklärt wird.

2.2.1 DER PROBLEMBEGRIFF

Der Problembegriff hat in der Mathematik eine spezifische Bedeutung und lange Tradition. Grundsätzlich wird darunter eine *„Bezeichnung für bekannte oder als bedeutend geltende mathematische Herausforderungen“* verstanden (Heinrich 2004: 39). Diese können in gelöste und ungelöste Probleme unterschieden werden. Da das Themengebiet der Mathematik unbegrenzt ist, existieren beliebig viele ungelöste mathematische Probleme. Besondere Bekanntheit haben die *Klassischen Probleme der antiken Mathematik*[9], deren Lösungen erst im 19. Jahrhundert gefunden wurden. Dieser Arbeit soll aber die Problemauffassung der Mathematikdidaktik zugrunde liegen, welche im Folgenden erläutert wird.

Das Verständnis des Problembegriffs in der Mathematik weicht deutlich von der mathematikdidaktischen Sichtweise ab. In der mathematikdidaktischen Literatur findet man verschiedene Charakterisierungen.

Dürschlag (1983: 51) versteht unter einem mathematischen Problem *„eine Situation, die den Schüler vor eine mathematisch-wesentliche Schwierigkeit stellt, für die er kein einfaches Lösungsverfahren [...] kennt, und zu deren Bewältigung Einfälle und kreatives Verhalten erforderlich sind.“*.

---

[9] Die Quadratur des Kreises, die Drittelung des Winkels und die Erzeugung eines Würfels mit doppeltem Volumen.

Eine ähnliche Begriffsbestimmung findet man bei Vollrath (1992), welcher ebenfalls vom Lernenden ausgeht: *„Im Folgenden verstehen wir unter einem Problem eine Aufgabe, die dem Bearbeiter beim Lösen eine Barriere entgegenstellt. Ob eine Aufgabe ein Problem darstellt, hängt von den Erfahrungen, Kenntnissen und Fähigkeiten des Problemlösers ab.“*.

Auch Zimmermann (1991b) weist auf die *„personenspezifische Barriere“* hin, durch die für ihn ein Problem charakterisiert wird.

Bei Bruder & Collet (2011: 11), die sich auf den Denkpsychologen Hussy (1984) beziehen, findet man folgende Begriffsdefinition: *„Unter Problemlösen versteht man das Bestreben, einen gegebenen Zustand (Ausgangs- oder Ist-Zustand) in einen anderen, gewünschten Zustand (Ziel- oder Soll-Zustand) zu überführen, wobei es gilt, eine Barriere zu überwinden, die sich zwischen Ausgangs- und Zielzustand befindet.“*

Grundsätzlich wird in der Mathematikdidaktik unter einem Problem eine subjektiv schwierig zu lösende Aufgabe verstanden, die an den Problemlöser gewisse Anforderungen stellt. Obwohl in den verschiedenen Begriffsbestimmungen von Barrieren und Schwierigkeiten die Rede ist, meinen die Begriffe dennoch inhaltlich dasselbe: Die Lösung wird durch *etwas* verhindert. Diese Sichtweiset ähnelt dem psychologischen Problembegriff und die Existenz einer solchen Barriere grenzt Probleme von Aufgaben ab.

2.2.2 PROBLEMKATEGORIEN

Auch in der mathematikdidaktischen Literatur lassen sich verschiedene Problemtypisierungen finden (vgl. Kap. 2.1.2). Eine gängige Problemtypisierung hat Pólya (1949: 66f.) vorgenommen, welcher Probleme hinsichtlich des Operationsbereiches in *Bestimmungsaufgaben* und *Entscheidungsaufgaben* unterteilt.[10]

I.   Bestimmungsaufgaben:

• Berechnen von Zahlen und Größen

• Konstruieren von Größen und Figuren

• Bestimmen verschiedener Fälle, die bei der Aufgabenlösung zu unterscheiden sind

• Beschreiben von Lösungsschritten, etwa bei einer geometrischen Konstruktion

---

[10] Obwohl Pólya von *Aufgaben* spricht, sind damit nach unserer Auffassung *Probleme* gemeint.

II.   Entscheidungsaufgaben:

• Beweisen einer Behauptung
• Überprüfen der Lösung einer Bestimmungsaufgabe auf Richtigkeit und Vollständigkeit
• Überprüfen der Lückenlosigkeit von Beweisen

Kratz (1988: 208) erweitert die Pólyasche Problemtypisierung um *Entdeckungsaufgaben*, welche sich auf das Entdecken neuer Aufgaben und die dazu benötigten Voraussetzungen konzentrieren, und nicht auf ihre Lösungsmöglichkeiten.

III.   Entdeckungsaufgaben:

• Aufstellen von Vermutungen noch unbekannter Gesetzmäßigkeiten
• Entdecken neuer Interpretationsmöglichkeiten eines vorgegebenen Sachverhalts
• Auffinden neuer Problemstellungen in einem bestimmten mathematischen Sachbereich

Darüber hinaus lassen sich formal-psychologische Problemtypisierungen in der mathematik-didaktischen Literatur finden, die auf kognitionspsychologischen Sichtweisen basieren (vgl. z.B. Klix 1971, Dörner 1979). Die Einteilung von Problemen erfolgt hinsichtlich der Informationen über den Anfangs- und Endzustand sowie den Operatoren, welche die Transformation vom Anfangs- in den Endzustand ermöglichen. In diesem Zusammenhang wird vor allem auf die Arbeit von Dietrich Dörner (1979) zurückgegriffen (vgl. Kap. 2.1.2). Zum Beispiel haben Tietze & Förster (2000: 94) an diese Problemtypisierung angeknüpft. Sie haben die Dörner-schen Begriffe beibehalten und mit mathematischen Beispielen versehen.

Pehkonen (1995: 55) lässt in einer an Dörner angelehnten Problemtypisierung die Bekanntheit der Lösungsmittel aus und nimmt in seiner Einordnung zusätzlich das Merkmal der Klarheit des Anfangszustandes auf. Er unterscheidet Probleme hinsichtlich der Offenheit des Anfangs-und des Zielzustandes und gewichtet diese mit *open* oder *closed* (vgl. Abb. 4). Anhand dieser Einteilung ergeben sich die folgenden vier verschiedenen Problemtypen, von denen Pehkonen drei als offene Probleme bewertet.

	Goal Situation	
	closed (i.a. exactly explained)	open
Starting Situation — closed (i.e. exactly explained)	*closed problems*	*Open-ended problems* *Real-life situations* *Investigations* *Problemfields* *Problem variations*
open	*Real-life situations* *Problem variations*	*Real-life situations* *Problem variations* *Projects* *Problem Posing*

Abbildung 4: Problemtypisierung nach Pehkonen (1995)

Des Weiteren lassen sich Probleme auch in die (klassischen) Themengebiete der Mathematik einteilen. So ergibt sich eine Klassifizierung in geometrische, algebraische und stochastische Probleme, welche aber insbesondere im Bereich der Forschung als problematisch anzusehen sind, da es häufig zu einer Überschneidung der Themengebiete kommt.

2.2.3 DER PROBLEMLÖSEPROZESS

Gemäß der Auffassung des Problembegriffs (vgl. Kap. 2.2.1) wird unter Problemlösen der Prozess verstanden, einen gegebenen Zustand (Ausgangszustand) in einen anderen, gewünschten Zustand (Zielzustand) zu überführen, wobei der Lernende bestehende Schwierigkeiten/Barrieren, die sich zwischen Ausgangs- und Zielzustand befinden, zu überwinden hat (vgl. Heinrich 2013b: 1, Hussy 1984: 114). Zum Verständnis dieses Prozesses lassen sich die psychologischen Sichtweisen zu Problemlöseprozessen (vgl. Kap. 2.1.3) auf mathematische Kontexte übertragen.

Mitte des 20. Jahrhunderts lieferte Pólya in seinem Buch „Schule des Denkens" einen entscheidenden Beitrag zum Verständnis von Problemlöseprozessen. Er (1949: 18f.) gliedert den Problembearbeitungsprozess in vier aufeinanderfolgende Phasen (vgl. Abb. 5):

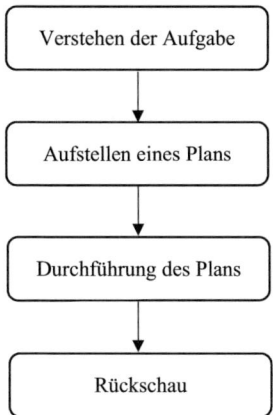

```
┌─────────────────────────────┐
│    Verstehen der Aufgabe     │
└─────────────────────────────┘
              │
              ▼
┌─────────────────────────────┐
│    Aufstellen eines Plans    │
└─────────────────────────────┘
              │
              ▼
┌─────────────────────────────┐
│    Durchführung des Plans    │
└─────────────────────────────┘
              │
              ▼
┌─────────────────────────────┐
│         Rückschau            │
└─────────────────────────────┘
```

Abbildung 5: Verlaufsmodell nach Pólya (1949)

Zunächst muss die Aufgabe[11] vom Problemlöser verstanden werden, um zu erkennen, was von ihm verlangt wird. Diese Phase beinhaltet u.a. die Auseinandersetzung mit der Formulierung der Aufgabenstellung, insbesondere mit den Daten, den Unbekannten und der Bedingung. Aber auch das Anfertigen einer Zeichnung, sofern das die Aufgabenstellung erfordert, ordnet Pólya (1949) dieser Phase zu.

Die sich anschließende Phase ist für Pólya die eigentliche Anforderung des Problemlöseprozesses, die vom Problemlöser die entscheidende Denkleistung erfordert: *„Die eigentliche Leistung bei der Lösung einer Aufgabe ist es allerdings, die Idee des Plans auszudenken."* (ebenda: 22). In diesem Abschnitt muss der Problemlöser Operatoren für die Transformation vom Anfangszustand in den (erwünschten) Zielzustand finden, indem er auf frühere Erfahrungen und bereits erworbenes Wissen zurückgreift. Für das Gelingen eines Plans spielen für Pólya nicht nur diese eine entscheidende Rolle, sondern auch geistige Disziplin, Konzentration auf den Zweck und Glück (vgl. ebenda: 26).

Für die Umsetzung des Plans, welche eine weitere Phase des Problemlöseprozesses für Pólya darstellt, benötigt der Problemlöser vor allem Geduld. Der Problemlöser überprüft die Richtigkeit seiner Schritte intuitiv oder mithilfe formaler Regeln. Die Überzeugung des Problemlösers *von der Richtigkeit eines jeden Schrittes* ist für Pólya dabei von besonderer Bedeutung (vgl. ebenda: 27).

In der letzten Phase des Problemlöseprozesses erfolgt der Rückblick auf die vollständige Lösung des Problems, indem diese und der Weg, der zu dieser Lösung führte, *nochmals*

---

[11] Wie bereits erwähnt, sind nach unserem Verständnis Probleme gemeint, wenn Pólya von Aufgaben spricht.

überprüft und kontrolliert werden. Die Rückschau kann dazu beitragen, dass das Wissen gefestigt wird und die Problemlösekompetenz gefördert wird (vgl. ebenda: 28).

Dieses Verlaufsmodell nach Pólya suggeriert, ähnlich wie psychologische Stufenmodelle (vgl. Kap. 2.1.3), dass der Problembearbeitungsprozess nach einer linearen Struktur verläuft. Im Rahmen einer Erkundungsstudie über Prozessverläufe beim Problemlösen ergaben Befunde, dass lediglich zwei Drittel der Problembearbeitungsprozesse tatsächlich linear verlaufen[12] (vgl. Rott 2013: 397). Das restliche Drittel muss mithilfe anderer Modelle erklärt werden. Ein Versuch, die dynamische und zyklische Struktur des Problembearbeitungsprozesses explizit zu berücksichtigen, ist das Modell von Fernandez/Hadawey/Wilson (1994: 196) (vgl. Abb. 6):

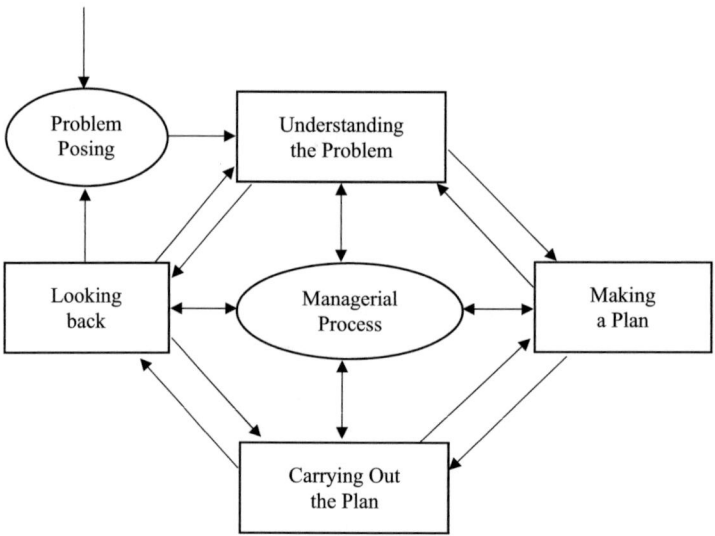

Abbildung 6: Phasenmodell nach Fernandez/Hadawey/Wilson (1994)

In diesem Modell finden sich die vier Phasen des Problembearbeitungsprozesses nach Pólya wieder, daher kann es als Erweiterung zu Pólyas Verlaufsmodell verstanden werden (vgl. ebenda). Zusätzlich haben Fernandez/Hadawey/Wilson *Managerprozesse*, wie Selbstkontrolle, Selbststeuerung und Selbsteinschätzung in ihr Modell aufgenommen, die jedem Phasenwechsel zugrunde liegen. Zudem wird in diesem Modell die Beziehung zwischen dem Aufstellen und Lösen eines Problems dargestellt (vgl. Heinrich 2004: 46).

---

[12] Bezogen auf Untersuchungen zu Problemlöseprozessverläufen von Fünftklässlern.

Ein weiteres dynamisch-zyklisches Verlaufsmodell haben Mason/Burton/Stacey (2006) entwickelt. Sie gliedern den Problembearbeitungsprozess in die drei Phasen *Planung, Durchführung* und *Rückblick*.

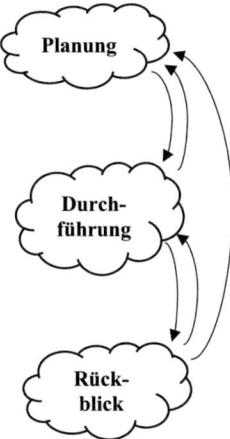

Abbildung 7: Problemlösephasen nach Mason/Burton/Stacey (2006)

Wie bei Fernandez/Hadawey/Wilson ist die Anlehnung an Pólya deutlich zu erkennen, wobei Mason/Burton/Stacey eine Phase weniger charakterisieren. Das hängt damit zusammen, dass die Phasen *Aufstellen eines Plans* und *Durchführung eines Plans* in diesem Modell von Mason/Burton/Stacey in der *Durchführungsphase* vereint sind. Darüber hinaus weisen sie auf die Bedeutung sogenannter *metakognitiver Elemente*, die sie „innerer Ratgeber" nennen, hin (vgl. Rott 2013: 57). Dieser hat die Funktion, die Handlungsabläufe genau zu beobachten und immer wieder Fragen zu stellen (vgl. Mason/Burton/Stacey 2006: 123). Diese metakognitiven Elemente finden sich auch in dem Modell von Fernandez/Hadawey/Wilson (1994) in Form der *Managerprozesse* wieder.

2.2.4 PROBLEMLÖSEHEURISMEN

Wie in Kapitel 2.1.3 bereits beschrieben wurde, geht Dörner davon aus, dass zum Lösen von Problemen eine bestimmte (geistige) Ausstattung nötig ist. Neben dem Wissen über den Realitätsbereich (epistemische Struktur), muss vom Problembearbeiter ein Verfahren konstruiert werden, um ein Problem zu lösen. Das Wissen über sämtliche Konstruktionsverfahren nennt Dörner die *heuristische Struktur*. Demzufolge spielen beim Problemlösen *heuristische Verfahren* bzw. *Heurismen* eine entscheidende Rolle.

Der Begriff *Heurismen* bzw. *heuristische Verfahren* ist in der wissenschaftlichen Literatur nicht einheitlich bestimmt. Von Becker (1987: 123f.) findet man folgende Begriffsbestimmung:

„Es handelt sich dabei sowohl um relativ vordergründige Faustregeln, wie etwa die Anregung, Gegebenes vom Gesuchten sauber zu unterscheiden, das Gegebene in seine Bestandteile zu zerlegen, um Vorstellungen über die Zweckmäßigkeit der Abfolge bestimmter Teilschritte, und Regeln, Wissenselemente miteinander zu kombinieren, um eine Art von Prüflisten zur Erzeugung von Zwischenschritten einer passenden oder beabsichtigten Form, die Orientierung an früheren Problemlösungen und dergleichen, als auch um übergeordnete Programme zur Suche von Lösungsschritten, zu ihrer Überprüfung und zur Abschätzung der Auswirkungen in Erwägung gezogener Lösungsschritte.“

Rott (2013: 81) nimmt Bezug zur formalpsychologischen Sichtweise des Problembegriffs und charakterisiert Heurismen wie folgt: *„Ein Heurismus ist eine Methode oder ein (kognitives) Werkzeug, die bzw. das bei der Bearbeitung eines Problems behilflich ist. Diese Hilfe bezieht sich auf die Analyse des Ausgangszustandes des Problems oder dessen Transformation, indem die Repräsentationsform des Problems gewechselt wird oder die Suche nach einer Lösung durch Einschränkung oder Ordnung des Suchraums unterstützt wird.“*

Pólya hat eine Reihe nützlicher heuristischer Verfahren herausgearbeitet. Er definiert diese als *Denkoperationen*, die beim Problemlöseprozess *„in typischer Weise von Nutzen sind.“* (vgl. Pólya 1949: 155). Zu diesen Heurismen zählen das Analogieprinzip, der Darstellungswechsel, das Extremalprinzip, das inhaltliche Lösen, das Invarianzprinzip, das kombinierte Arbeiten, das Rückführungsprinzip, das Rückwärtsarbeiten, das Symmetrieprinzip, das systematisches Probieren, das Transformationsprinzip und das Vorwärtsarbeiten (vgl. Pólya 1963).

Eine strengere Unterteilung heuristischer Verfahren hinsichtlich ihres Allgemeinheitsgrades und ihres Anwendungsbereiches verwendet Bruder (1988: III/5). Sie gliedert diese in heuristische Strategien, heuristische Hilfsmittel, heuristische Prinzipien und heuristische Regeln:[13]

Heuristische Strategien

- Systematisches Probieren
- Vorwärtsarbeiten
- Rückwärtsarbeiten
- Analogieschluss
- Rückführung von Unbekanntem auf Bekanntes

---

[13] Weitere Formulierungen und Unterteilungen heuristischer Verfahren findet man zum Beispiel bei Tietze & Förster (2000), König (1992) und Zimmermann (2003).

Heuristische Hilfsmittel

- Veranschaulichung durch informative Figuren
- Tabellen
- Wissensspeicher und umstrukturierte Wissensspeicher
- Lösungsgraphen

Heuristische Prinzipien

- Symmetrieprinzip
- Extremalprinzip
- Invarianzprinzip
- Zerlegen und Ergänzen
- Prinzip der Fallunterscheidung
- Arbeiten mit Einzel- und Spezialfällen
- Schubfachprinzip
- Transformationsprinzip

Heuristische Regeln

- Allgemeine Regeln (Vorrangregeln u.a.)
- Spezielle Regeln und Regelsysteme für bestimmte Aufgabenklassen (heuristische Programme)

Zimmermann (2003: 46) hebt vor allem die folgenden fünf heuristischen Verfahren hervor, die sich bei Untersuchungen der Geschichte mathematischer Heuristik als besonders bedeutsam erwiesen haben: *Inhaltliches Lösen von Problemen, Rückwärtsarbeiten, Darstellungswechsel, Analogisieren* und *Modellieren.*[14]

Es lässt sich konstatieren, dass unter einem *heuristischen Verfahren* eine Methode oder ein kognitives Werkzeug verstanden wird, welche(s) sowohl beim Suchen und Finden eines Lösungsweges, als auch beim Verstehen der Problemsituation behilflich sein kann (vgl. Tietze/Klika/Wolpers 2000: 99).

2.3 PROBLEMLÖSEN LERNEN UND PROBLEMLÖSEKOMPETENZ

In diesem Kapitel soll es um Problemlösen lernen und die Förderung der Problemlösekompetenz gehen. Dabei Problemlösen soll deutlich gemacht werden, welchen

---

[14] Alle in diesem Kapitel aufgezählten *Heurismen* sind in der angegebenen Literatur ausführlich beschrieben und werden aufgrund des Umfangs diesem Buch nicht weitergehend erläutert.

Stellenwert Problemlösen in der Mathematikdidaktik und im Mathematikunterricht hat, sowie Ansatzpunkte und Methoden zur Förderung der Problemlösekompetenz aufgezeigt werden.

2.3.1 PROBLEMLÖSEN IN DER MATHEMATIKDIDAKTIK UND IM MATHEMATIKUNTERRICHT

Problemlösen kann zwei verschiedene didaktische Aspekte umfassen. Zum einen unterscheidet man zwischen *Probleme lösen lernen* (Zielaspekt) und *Problemlösen als Lernmethode zur Erreichung von Lernzielen* (Methodenaspekt) (vgl. Heinrich 2004: 56). Der Zielaspekt verfolgt die Intention, Schülerinnen und Schülern dazu anzuleiten, Probleme selbstständig zu lösen wie im Sinne der KMK - Bildungsstandards. Beim Methodenaspekt geht es vielmehr um die Erreichung von Lernzielen (schlechthin) durch Problemlösen (vgl. Heinrich/Bruder/Bauer 2014: 6). Fritzlar (2011: 33) nennt sogar drei didaktische Gesichtspunkte von Problemlösen:

- Lernen *über* Problemlösen
- Lernen *fürs* Problemlösen
- Lernen *durch* Problemlösen

Als zusätzlichen Aspekt führt Fritzlar das *Lernen durch Problemlösen* auf: *„Mathematische Probleme sind hier also Ausgangspunkte und integrale Bestandteile von Lernprozessen."* (ebenda). Hierbei handelt es sich um indirektes Fördern, welches primär auf die Gestaltung der Situation ausgerichtet ist, indem das Denken und somit auch das Lernen angeregt werden, ohne dass die Strategie dabei genannt wird (vgl. z.B. Fritzlar 2011, Leuders 2003). Dieser Aspekt von Problemlösen, lässt sich, wie das Lernen *fürs Problemlösen*, eher dem Methodenaspekt nach Heinrich (2004) zuordnen. Das *Lernen übers Problemlösen* kann eher dem Zielaspekt hinzugefügt werden.

Im Weiteren soll vor allem der Zielaspekt, also *Probleme lösen lernen*, eine wichtige Rolle spielen. Dabei geht es um die Förderung mathematischer Problemlösekompetenz.

Seit Ende der 80er Jahre wird die Problemlösefähigkeit verstärkt als Schlüsselqualifikation im Mathematikunterricht gefordert. Im Zuge internationaler Vergleichsstudien (TIMS-Studie, IGLU-Studie, PISA-Studie), welche gravierende Defizite deutscher Schülerinnen und Schüler im internationalen Vergleich aufzeigten, insbesondere hinsichtlich ihrer Problemlösefähigkeit, ist diese Kompetenz wieder stärker in den Fokus mathematikdidaktischer Forschung geraten (vgl. Baumert et al. 1997). Die Ergebnisse zeigten kognitives Potenzial im Bereich Problemlösen, welches noch nicht hinreichend im Mathematikunterricht genutzt wird (vgl. ebenda).

Aus diesen Befunden resultiert die Forderung der DMV[15] nach einer Umgestaltung des Mathematikunterrichts, insbesondere hinsichtlich der Förderung der Problemlösekompetenz durch stärkere Problemorientierung, in einer Stellungnahme zur TIMS-Studie bei der Kultusministerkonferenz am 26./27. Juni 1997 in Bonn: *„Mathematische Grundausbildung muß mehr vermitteln als Fertigkeiten, die gegebenenfalls automatisiert werden. Die Kraft mathematischen Denkens liegt in der Fähigkeit zur Begriffs- und Modellbildung und zur Entwicklung leistungsfähiger Verfahren und Algorithmen zur konkreten Problemlösung, dafür muß Verständnis, wenn nicht Begeisterung, geweckt werden."*

In Folge dieser Befunde fand eine Umstrukturierung im Bildungsbereich Schule von einer Input-Orientierung zu einer Output-Orientierung statt. Der Fokus der Lehrpläne liegt nun nicht mehr vorrangig auf den Inhalten, sondern vor allem auf den erworbenen Fähigkeiten und Fertigkeiten der Schülerinnen und Schüler am Ende des Schuljahres. Die Problemlösekompetenz ist in Folge dieses „Bildungsschocks" als prozessbezogener Kompetenzbereich in deutschen Bildungsstandards und den Bildungsplänen der einzelnen Bundesländer für das Fach Mathematik fest verankert worden (vgl. NKM 2006, KMK 2003).

Manche Autoren kritisieren aber auch die von PISA eingesetzten Probleme, da es sich nach der, in diesem Buch vertretenen, Auffassung strenggenommen nicht um Probleme, sondern um eine Vermischung der Kompetenzbereiche (fächerübergreifendes) „Problemlösen" und „Modellierung" handelt: *„The OECD/PISA assessment focuses on real-world problems, moving beyond the kinds of situations and problems typically encountered in school classrooms. In real-world settings, citizens regularly face situations when shopping, travelling, cooking, dealing with their personals finances, judging political issues, etc. in which the use of quantitative or spatial reasoning or other mathematical competencies would help clarify, formulate or solve a problem."* (OECD 2003: 24).

Diese Auffassung vertritt auch die GDM[16], die in einer Presserklärung zur Veröffentlichung der PISA-Testergebnisse vom 05.12.2001 konstatiert, dass vielmehr *„mathematisches Modellieren realer, realitätsbezogener und innermathematischer Probleme im Vordergrund"* stand.

Es zeigt sich also, dass Problemlösen im Mathematikunterricht eine zentrale Position einnimmt. Allerdings sollte es nicht als *„ein zusätzliches Gebiet der Mathematik unterrichtet werden, sondern anhand der Geometrie, Analysis, Algebra usw."* vermittelt werden (Burchartz 2003: 47). Vielmehr sollte *Problemlösen* eine der wichtigsten Leitideen für den

---

[15] Deutsche Mathematiker-Vereinigung.
[16] Gesellschaft für Didaktik der Mathematik.

Mathematikunterricht sein (vgl. Zimmermann 1983: 8). Zimmermann (2003: 42f.) führt fünf verschiedene Gründe für Problemlösen im Mathematikunterricht auf:

1. *Pädagogische Gründe*: Problemorientierter Mathematikunterricht erlaubt innere Differenzierung und befähigt zur Selbst- und Mitbestimmung. Zudem erfolgt eine Förderung von selbstständigem, kooperativem und kreativem Denken durch „entdeckendes Lernen".

2. *Lernpsychologische Gründe*: Lernen erfolgt immer in einem entdeckenden Kontext, da Wissen kaum vermittelt werden kann, sondern vom Schüler konstruiert werden sollte. Ein Unterrichtskonzept, das dieser konstruktivistischen Lerntheorie (z.B. nach Glaser 1991) folgt, da es produktive Eigentätigkeit ermöglicht, ist problemorientierter Mathematikunterricht.

3. *Empirische Gründe*: Umfragen ergaben ein zunehmend starkes Interesse von Lehrerinnen und Lehrern am problemorientiertem Mathematikunterricht.

4. *Gesellschaftliche Gründe:* Die im problemorientierten Unterricht vermittelte Fertigkeit der Selbstorganisation kann in komplexen Systemen effektiver sein als zentrale Lenkung. Die Befähigung zum Lösen komplexer Probleme stellt daher im heutigen Schulunterricht ein wesentliches Lernziel dar.

5. *Innermathematische Gründe:* Für den wissenschaftlichen Fortschritt in der Mathematik ist die Entwicklung und Anwendung heuristischer Verfahren bedeutsam. Diese erfolgt durch die Orientierung an Problemen. Darüber hinaus geben diese der Mathematik langfristig mehr Anregungen als systematische Rekonstruktionen.

Ähnliche Gründe lassen sich bei Pólya (1980) und Bruder & Collet (2011) finden. Als sehr wichtig lässt sich die *Schulung des Denkens* aufführen, welche für Pólya durch den Erkenntnisprozess beim Betreiben von Mathematik gefördert wird (vgl. Pólya 1980: 9). Aber auch die Förderung der Kreativität ist ein Grund, warum Schülerinnen und Schüler im Mathematikunterricht Probleme lösen sollten. Darüber hinaus sind Kenntnisse über *heuristische Strategien* für das Betreiben von Mathematik, aber auch im Alltag unabdingbar und sollten im Mathematikunterricht gefördert werden (vgl. Zimmermann 2003: 47). Außerdem hat Mathematikunterricht die Aufgabe mathematische Kenntnisse und Fähigkeiten zu vermitteln, die im Alltag und späteren Berufsalltag gebraucht werden, was auch Problemlösen umfasst (vgl. Bruder & Collet 2011: 20).

Zimmermann (1991: 32f.) nennt aber auch einige Schwierigkeiten, die beim Problemlösen auftreten können. Insbesondere die Leistungsbewertung der Schülerinnen und Schüler und der Zeitdruck, welcher dem Mathematikunterricht obliegt, sieht er als hinderliche Punkte beim

Problemlösen an. Auch können sprachliche Schwierigkeiten der Schülerinnen und Schüler ein erhebliches Hindernis beim Problemlösen darstellen.

Es lässt sich also festhalten, dass *Problemlösen lernen und lehren* für Lernende und Lehrende ein wichtiges Lernziel bzw. Lehrziel und eine große Herausforderung darstellt. Daher sollte diese Kompetenz verstärkt im Mathematikunterricht gefördert werden (vgl. Heinrich/Bruder/Collet 2014: 7). Mit dieser Zielsetzung geht die Frage einher, wie die Problemlösekompetenz besser als bisher gefördert werden kann. Darum soll es im folgenden Kapitel gehen.

2.3.2 ANSATZPUNKTE UND METHODEN ZUR FÖRDERUNG DER PROBLEMLÖSEKOMPETENZ

Die Ansätze zur Förderung der Problemlösefähigkeit in der mathematikdidaktischen Literatursind vielfältig. In diesem Zusammenhang ist es sinnvoll, zwischen Ansatzpunkten und Methoden zur Förderung der Problemlösekompetenz zu unterscheiden. Beginnen wir mit den verschiedenen **Ansatzpunkten**, welche mit den Einflussfaktoren auf Inhalt und Verlauf von Problemlöseprozessen gleichzusetzen sind.

Schoenfeld (1985: 15) hat vier verschiedene Komponenten herausgearbeitet, die Problemlösen subjektiv beeinflussen und an denen eine Förderung der Problemlösekompetenz ansetzen kann:

1. **Resources**: Mathematical Knowledge possed by the individual that can be brought to bear on the problem at hand
   - Intuitions and informal knowledge regarding the domain
   - Facts
   - Algorithmic procedures
   - „Routine" nonalgorithmic procedures

2. **Heuristics**: Strategies and techniques for making progress on unfamiliar or nonstandard problems; rules of thumb for effective problem solving, including:
   - Drawing figures; introducing suitable notation
   - Exploiting related problems
   - Reformulating problems; working backwards
   - Testing and verification procedures

3. **Control**: Global decisions regarding the selection and implementation of resources and strategies
   - Planning
   - Monitoring and assessment

- Decision-making
- Conscious metacognitive acts

4. **Belief Systems**: One´s „mathematical world view", the set of (not necessarily conscious) determinants of an individual´s behaviour
   - About self
   - About the environment
   - About the topic
   - About mathematics

Diese Faktoren lassen sich als inhaltliche Ansatzpunkte, welche gefördert werden sollen, auffassen. Diese gehen mit der Fragestellung einher *„Wo ist der Hebel anzusetzen?"* bzw. *„Was soll gefördert werden?"* (vgl. Heinrich/Bruder/Bauer 2014: 11). Neben der epistemischen und heuristischen Struktur (Resources und Heuristics) nach Dörner (vgl. Kap. 2.1.3) führt Schoenfeld, ähnlich wie Fernandez/Hadawey/Wilson und Mason/Burton/Stacey (vgl. Kap. 2.2.2), unter dem „Control"-Aspekt *metakognitive Elemente* auf, welche auf den Problembearbeitungsprozess Einfluss nehmen.

Der amerikanische Psychologe Flavell (1976: 232) charakterisiert den Begriff *Metakognitionen* wie folgt: *„Metacognition refers to one´s knowledge concerning one´s own cognitive processes or anything related to them, e.g. the learning-relevant properties of information or data. For example, I am engaging metacognition [...] if I notice that I am having more trouble learning A than B; if I strikes me that I should double-check C before accepting it as a fact; if it occurs to me that I had better scrutinize each and every alternative in a multiple-choice type task before deciding which is the best one; [...] Metacognition refers, among other things, to the active monitoring and consequent regulation and orchestration of those processes in relation to the cognitive objects or data on which they bear, usually in the service of some concrete [problem solving] goal or objective. "*

In dieser Definition wird die Vielschichtigkeit von Metakognitionen deutlich, welche auch von vielen anderen Autoren betont wird (z.B. Woolfolk 2008: 329). Der Begriff *metacognition* ist in die Aspekte *metacognitive knowledge* (Wissen über Kognitionen) und *metacognitive regulation* (Steuerung von Kognitionen) unterteilt. Flavell (1984: 23f.) fügt in einer späteren Arbeit die Kategorie *metacognitive experience* (metakognitive Empfindungen, auch Sensitivität) hinzu. Auch Schoenfeld (1987: 189f.) nennt dieselben drei Bereiche, die für ihn Metakognitionen umfassen (vgl. Rott 2013: 85):

„[R]esearch on metacognition has focused on three related but distinct categories of intellectual behavior:

1. Your knowledge about your own thought processes. How accurate are you in describing your own thinking?

2. Control, or self-regulation. How well do you keep track of what you're doing when (for example) you're solving problems, and how well (if at all) do you use the input from those observations to guide your problem solving actions?

3. Beliefs and intuitions. What ideas about mathematics do you bring to your work in mathematics, and how does that shape the way that you do mathematics?"

Als weitere, bisher noch nicht betrachtete, subjektive Komponente des Problembearbeitungsprozesses nennt Schoenfeld (1985) den Punkt „Belief-Systems", welcher Grundhaltungen des Problembearbeiters zu sich selbst und zur schulischen Umwelt umfasst.

In Anlehnung an Schoenfeld hat Geering (1992: 2) die nachfolgenden Ebenen herausgestellt, die das individuelle Problemlösen beeinflussen und an denen mögliche Fördermöglichkeiten ansetzen können. Die Punkte „Heuristics" und „Resources" nach Schoenfeld (1985) fasst Geering zum Einflussfaktor „Kognitionen" zusammen:

Einstellungen	Einstellungen, Grundhaltungen			
	zu sich selbst		zur Schule	
	zur Klasse		zum Fach Mathematik	
	zum Fachlehrer		zum aktuellen Thema	
Kognitionen	**Fachliches Können („Werkzeugkiste")**			
	Fertigkeiten,	Vernetztes *Wissen,*	Problemlöse-	Alltags- und
	instrumentelle	Konzepte,	*Strategien,*	*Umweltbezug*
	Techniken	Strukturen	„Heuristiken"	Fähigkeit zu
				„mathematisieren"
Metakognitionen	**Fähigkeit zur Selbststeuerung, -kontrolle (Management)**			
	Bewußtheit	*Planen*	*Entscheiden*	*Kontrolle*
	über den	vorausschauend,	über den Einsatz	der eigenen
	Inhalt der	auf Zusammenhänge	den Einsatz der	Arbeit
	Werkzeugkiste	bedacht denken	Strategien und	
			Werkzeuge	

Abbildung 8: Einflussebenen nach Geering (1992)

Auch Kießwetter (1983: 81f.) geht von einer dreigeteilten Struktur aus und führt neben kognitiven und metakognitiven Aspekten einen weiteren Faktor an, welcher Einfluss auf den Problembearbeitungsprozess hat. Er erweitert den Ansatz der kognitiven Struktur nach Dörner (1979) um die „Meta-Meta-Struktur", die für ihn die physisch-psychische Momentankonstellation des Problembearbeiters ausmacht, welche mit der Zeit veränderlich ist und auf Ermüdungserscheinungen (z.B. Motivation), Wettereinflüsse, sowie vorhergehende Erfolgs- und Misserfolgserlebnisse Einfluss nimmt.

Kilpatrick & Radatz (1983: 153) gehen ebenso von einer dreiteiligen Struktur aus, die dem Problembearbeitungsprozess zugrunde liegt. Neben der epistemischen und heuristischen Struktur führen auch sie eine metakognitive Struktur auf. Zudem betonen sie, dass alle drei Strukturen zu erweitern sind, wenn die Problemlösekompetenz gefördert werden soll: *„Teachers need to recognize that improving the ability of pupils to solve problems may requiere the further development of all three structures“.*

Anhand dieser unterschiedlichen Einflussfaktoren lässt sich folgern, dass es zur Förderung der Problemlösekompetenz viele verschiedene Ansatzpunkte zu berücksichtigen gilt. Während bei den inhaltlichen Ansatzpunkten weitestgehend Konsens in der mathematikdidaktischen Literatur herrscht, dass der Hebel an verschiedenen Stellen anzusetzen ist, ist die Frage nach den Maßnahmen bzw. **Methoden** zur Förderung der Problemlösefähigkeit umstritten. Auf die Fragen *„Wie soll gefördert werden?“* bzw. *„Welche Maßnahmen und Methoden eignen sich, um die Problemlösekompetenzen zu verbessern?“* findet man eine Vielzahl von Möglichkeiten in der wissenschaftlichen Literatur.

Beispielsweise hat Kilpatrick (1985: 8f.) anhand seiner Analysen über möglicher Fördermaßnamen der Problemlösefähigkeit zwischen 1960 bis etwa 1985, eine grobe Einteilung in fünf Gruppen möglicher Maßnahmen aufgestellt (vgl. Heinrich 2004: 81f.).

1. **Osmosis**: Derartigen Maßnahmen liegt die Annahme zugrunde, dass durch die Bearbeitung zahlreicher Probleme ein implizites Lernen des Problembearbeiters erfolgt, indem Methoden und Vorgehensweisen beim Problemlösen (implizit, durch osmotische Vorgänge) erlernt werden.

2. **Memorization**: Entsprechende Ansätze fokussieren das Erlernen und die korrekte Ausführung von Teilschritten des Problembearbeitungsprozesses.

3. **Imitation**: Die Förderung der Problemlösekompetenz tritt durch „Lernen am Modell“[17] ein, indem Problemlöseprozesse von Experten erlebt und entsprechend nachgeahmt werden.

4. **Cooperation**: Die Annahme solcher Maßnahmen ist, dass durch Gespräche in Kleingruppen Ideen hervorgebracht, sowie Konzepte und Verfahren geklärt werden, welche alleine nur schwer zu erarbeiten sind.

---

[17] Sozialkognitivistische Lerntheorie nach Albert Bandura (1963).

5. **Reflection**: Dieser Ansatz verfolgt die Vorstellung, dass Kinder nicht nur durch ihre eigene Tätigkeit lernen (*learn by doing*) sondern auch durch Nachdenken über das, was sie tun (*learn by doing and by thinking about what they do*), d.h. Ausführen der Problemhandlung und Reflektieren des eigenen Problembearbeitungsprozesses.

Einen weiteren Methodenkatalog zur Förderung der Problemlösekompetenz, der im Folgenden dargestellt ist, führt Zech (1996: 364) auf:

- Durch Problemlösen
- Dialektik zwischen Anleitung und Selbständigkeit beachten
- Verwendung von Handlungsanweisungen
- Gezieltes kognitives Modellieren heuristischer Regeln
- Üben von Teilhandlungen
- *Analyse von **Fehlern**, die auf das Nichtbeachten wesentlicher heuristischer Regeln zurückzuführen sind*
- Kommentieren richtiger und falscher Lösungsschritte (Rückmeldung)
- Lösungswege reflektieren
- Aufforderung, von vorhandenem Wissen Gebrauch zu machen, auf Ähnlichkeiten zu reflektieren (Analogisieren)
- Entwicklung der Abstraktionsfähigkeit (daran gewöhnen, auf wichtige Informationen zu achten)

Tietze & Förster (2000: 113) formulieren in Anlehnung an Zech (1996) und Bruder (1992) folgende unterrichtsbezogene Maßnahmen zur Förderung der Problemlösekompetenz:

- Erwerb des Wissens durch entdeckendes Lernen; die Probleme sollten der Leistungsfähigkeit der Schüler angemessen sein; man arbeitet mit prozessorientierten Hilfen
- Das Unterrichtsklima sollte akzeptierend sein
- Der Lehrer sollte die Schüler zum divergenten Denken ermutigen
- Automatisierte Gedankenabläufe stören
- Offene und herausfordernde Probleme stellen und Schüler selbst Probleme stellen und weiterführen lassen
- Umgangssprachliche Äußerungen akzeptieren, intuitives Argumentieren und Vermuten anregen
- *Ein konstruktives Verhältnis zu **Fehlern** aufbauen*
- Heuristische Strategien lehren

Heinrich/Bruder/Bauer (2014: 13f.) haben wesentliche Maßnahmen zur Förderung der Problemlösekompetenz, die man u.a. bei Kilpatrick (1985: 8f.), Zech (1996), Bruder (1992), Heinrich (1992) oder Leuders (2003) findet, in einem Überblick zusammengefasst.

Heute gibt es eine (weitgehende) Übereinstimmung darüber, dass die Problemlösefähigkeit vermutlich am wirksamsten durch die Kombination einander ergänzender Maßnahmen gefördert werden kann (vgl. Heinrich/Bruder/Bauer 2014: 14). Allerdings liegen aus forschungsökonomischen Gründen und methodologischen Schwierigkeiten bisher nur wenige empirische Befunde dazu vor (vgl. Heinrich 2004: 85). Grundsätzlich herrscht aber Konsens darüber, dass *„die Entwicklung der Problemlösekompetenz ein schwieriger und langwieriger Prozeß ist"* (Törner & Zielinski 1992: 259).

Die vorliegende Untersuchung knüpft am oben hervorgehobenen Gedanken an, *ein konstruktives Verhältnis zu (Denk-) Fehlern aufzubauen*. Wenn man dabei den Begriff *Denkfehler* liest, assoziiert dieses, dass damit Fehler im strategischen Vorgehen der Lösungssuche, also sogenannte Strategiefehler, gemeint sind. Wie die weiteren Aufführungen jedoch zeigen werden, können auch Fehler anderer Art (sogenannte Wissens- oder Fertigkeitsfehler) den Verlauf und das Ergebnis des Problembearbeitungsprozesses erheblich beeinflussen und somit lösungshinderlich sein. Daher werden wir uns im Weiteren nicht nur strategischen Defiziten zuwenden, sondern lösungshinderliche Fehler jeglicher Art untersuchen.

2.4 FEHLER BEIM PROBLEMLÖSEN ALS MÖGLICHER ANSATZPUNKT

Die Ansätze und Methoden zur Förderung der Problemlösefähigkeit in der Literatur sind, wie in bereits erwähnt wurde, vielfältig. Ein möglicher Ansatzpunkt zur Förderung der Problemlösefähigkeit ist der „Fehleraspekt" (vgl. Kap. 2.3.2). In diesem Kapitel soll im Kontext der Mathematikdidaktik der Fehlerbegriff charakterisiert und eine Fehlereinordnung vorgenommen werden.

Der Begriff *Fehler* assoziiert zumeist etwas Negatives. Dabei bieten Fehler häufig eine Lerngelegenheit für die handelnden Individuen. Daher sollte es nicht nur darum gehen, Fehler vermeiden zu lernen, sondern das Lernpotenzial von Fehlern zu nutzen: *„Der Nachvollzug des Falschen ermöglicht das Lernen des Richtigen. Das jedoch bedeutet, daß nur aus Fehlern lernen kann, wer die Chance bekommt, in der Rückschau nachzuvollziehen, worin der Fehler besteht und wie es zu ihm kam. In diesem Sinne lernen nur diejenigen, Fehler zu vermeiden, denen erlaubt wird, auch Fehler zu begehen."* (Althof 1999: 8).

2.4.1 DER FEHLERBEGRIFF

Seit den 1980er Jahren hat der *Fehlerbegriff* insbesondere durch Arbeiten von Becker (1985), Hasemann (1985) und Radatz (1980) Einzug in die Mathematikdidaktik gehalten. Jedoch herrscht in der Literatur kein Konsens über die Verwendung des Begriffs (vgl. Oser/Hascher/Spychiger 1999: 11).

In Anlehnung an pädagogische Sichtweisen wird darunter zumeist ein von einer Norm abweichender Sachverhalt oder Prozess verstanden. (vgl. ebenda, Hartinger 1997: 29). Normen stellen für die Gesellschaft und Wissenschaft ein Bezugssystem dar, auf das man zurückgreifen kann, um Richtiges von Falschem und Fehlerhaftes von Fehlerfreiem zu differenzieren (vgl. Oser/Hascher/Spychiger 1999: 11). Im didaktischen Kontext werden vor allem die Fehler betrachtet, die mit den fachlichen Inhalten in Verbindung stehen, daher erfolgt die Fehlerklassifikation in der Regel fachspezifisch (vgl. ebenda). In der Mathematikdidaktik wird darunter häufig etwas *„Falsches, Ungeeignetes, Nichtrichtiges, Irrtum, Fehlverhalten oder Unkorrektes verstanden."* (Heinrich 2013b: 5f.).

Während man über Fehler in bestimmten (Teil-) Bereichen der Mathematik (-didaktik) gute Kenntnisse besitzt, wie Fehler bei der Bruchrechnung (vgl. Padberg 1983, Hasemann 1985) und Fehler im Bereich der Arithmetik (vgl. Schaffrath 1957), lässt sich feststellen, dass es bei komplexen Anforderungen nur peripher Kenntnisse über Fehler gibt (vgl. Becker 1985: 48). Zu diesen Anforderungen gehören u.a. Problembearbeitungsprozesse.

Es lässt sich festhalten, dass Fehler, insbesondere über sogenannte *Strategiefehler* beim Problemlösen bisher noch wenig erforscht sind. Das kann damit zusammenhängen, dass das Identifizieren und Analysieren solcher Fehler sehr aufwändig ist und umfassende Detailanalysen erfordert. Heinrich (2010: 34) führt hierzu aus: *„Wenn es aber gelingt, mehr über Strategiefehler beim Bearbeiten mathematischer Probleme in Erfahrung zu bringen, können daraus möglicherweise Anregungen für eine gezielte didaktische Einflussnahme zur Förderung der Problemlösefähigkeit erwachsen.".* Die vorliegende Arbeit soll zudem aufzeigen, wie in diesem Zusammenhang auch *Wissens-* und *Fertigkeitsfehler* von Bedeutung sein können. Im nachfolgenden Kapitel sollen diese Begrifflichkeiten näher erläutert werden

2.4.2 EINTEILUNG VON FEHLERN

Wenn beim Bearbeiten mathematischer Probleme keine Lösung gefunden wird, stellt sich die Frage nach dem *Warum*. Eine mögliche Ursache dafür können Fehler sein. Da der Problembearbeiter beim Problemlösen verschiedene Fehler begehen kann, ist es sinnvoll, verschiedene Arten von Fehlern zu kategorisieren (vgl. ebenda).

In der mathematikdidaktischen Literatur gibt es im Kontext des Problemlösens verschiedene bekannte Fehlertypologien. Bereits 1967 untersuchte Kilpatrick Fehler in Problembearbeitungsprozessen. Er unterschied dabei zwei Arten von Fehlern: strukturelle und exekutive Fehler: *„If a subject makes a <u>structural</u> error in performing a production process, a bar is drawn over the process symbol. Structural errors (Donaldson, 1963, p. 43) stem from a misunderstanding of the problem or of some principle necessary for its solution. They can be contrasted with executive errors, or slips in carrying out manipulations. For example, if a subject sets up and solves incorrectly an appropriate equation, he has made an executive error."* (Kilpatrick 1967: 51)

Zudem hat Schoenfeld (1985) eine Fehlereinordnung vorgenommen, welche sich auf die vier Komponenten bezieht, die für ihn den Problembearbeitungsprozess subjektiv beeinflussen können (vgl. Kap. 2.3.2). Demnach unterscheidet er zwischen **Ressourcenfehlern**, **Heuristikfehlern**, **Kontrollfehlern** und **Überzeugungsfehlern**. Auch Geering (1995) hat eine solche Fehlereinteilung entwickelt. Die vorliegende Untersuchung beschränkt sich in den folgenden Ausführungen auf die Verwendung der Fehlertypen nach Geering, da die Arbeitsgruppe um Heinrich (Heinrich 2010, Alexy 2009, Beese 2011, Schmitz 2011, Strecker 2013 und Wagner 2013) nutzbringend mit dieser Klassifikation bei der Untersuchung von Problembearbeitungsprozessen gearbeitet hat. Geering (1995: 3) unterscheidet drei Arten von Fehlern beim Bearbeiten von mathematischen Prozessen: **Fertigkeitsfehler**, **Wissensfehler** und **Strategiefehler**. Die Abbildung 9 soll Überschneidungen der angesprochenen Fehlerklassifizierungen verdeutlichen:

Geering	Fertigkeitsfehler	Wissensfehler	Strategiefehler		
Schoenfeld	Ressourcenfehler		Heuristikfehler	Kontrollfehler	Überzeugungsfehler
Kilpatrick	Exekutive Fehler	Strukturelle Fehler			

Abbildung 9: Zum Zusammenhang zwischen den Fehlertypologien

Diese Fehlertypen nach Geering (1995) werden im Folgenden charakterisiert und mit Beispielen unterlegt. Von einem **Fertigkeitsfehler** spricht Geering, wenn ein Individuum bekannte automatisierte mathematische Fertigkeiten fehlerhaft verwendet, beispielsweise eine Gleichung fehlerhaft umformt, wie etwa den Ausdruck $a \cdot (a + b)$ in $a + ab$. Aber auch fehlerhaftes Rechnen im großen Einmaleins (beispielsweise $14 \cdot 48 = 479$) wird als ein klassischer Fertigkeitsfehler gewertet, sofern diese Fertigkeit (Rechnen im großen Einmaleins) dem Problembearbeiter bekannt ist. Unter einem **Wissensfehler** versteht er, wenn der Problembearbeiter bekannte Wissenselemente nicht oder nicht korrekt einsetzt, zum Beispiel die Anwendung des Satz des Pythagoras in einem nicht rechtwinkligen Dreieck, sofern dieses Wissen den Schülerinnen und Schülern bekannt ist. Ein Wissensfehler kann aber auch die Nichtanwendung des Satz des Pythagoras in einem rechtwinkligen Dreieck bei Kenntnis dessen sein. Als **Strategiefehler** bezeichnet Geering ungeeignete Vorgehensweisen (Lösungsstrategien), die das Finden einer Lösung verhindern. Heinrich (2010: 34) erweitert den Begriff und ordnet auch logische Fehler bei der Lösungssuche und defizitäre oder problematische Verhaltensweisen im strategischen Vorgehen der Kategorie **Strategiefehler** zu. Zum Beispiel bei dem sogenannten Strategiefehler „Springen an der Oberfläche" wird die Lösungssuche dadurch behindert, dass der Problembearbeiter verschiedene Lösungsansätze verfolgt, ohne bei den jeweiligen Ansätzen in die Tiefe zu gehen.

Strategiefehler[18] sind keine Fehler im klassischen Sinne, da sie sind im hohen Maße von den subjektiven Annahmen der Evaluatoren abhängig (vgl. Heinrich 2010).[19]

---

[18] Strategie- und Wissensfehler sind im Gegensatz zu Fertigkeitsfehlern nicht immer klar voneinander zu unterscheiden, da der Beobachter keinen unmittelbaren Einblick in die Gedankenabläufe des Problembearbeiters hat.

Für Geering (ebenda: 1f.) sind Fehler im kognitiven Bereich wertvolle Indikatoren für den Lernstand des Problembearbeiters. Für ihn gehören sie zum Lernprozess dazu und sind wichtige Diagnose- und Lernhilfen. Die größten Lernchancen sieht Geering, wie Pólya (1949), in einer kritischen Rückschau des Problembearbeiters auf den Problembearbeitungsprozess. Durch den richtigen Umgang mit Fehlern können wahrgenommene Fehler wertvoll und hilfreich sein, denn sie bieten dem Problembearbeiter die Möglichkeit, aus Fehlern zu lernen: *„Mathematik ist eine ideale Disziplin, um das Lernen aus Fehlern zu lernen!"* (ebenda: 5). Wie verschiedenen Methodenkatalogen zur Förderung der Problemlösekompetenz zu entnehmen ist (vgl. Kap. 2.3.3.), wird der Schwerpunkt der Förderung auf die strategischen Defizite gelegt wie zum Beispiel bei Zech (1996) *„Analyse von Fehlern, die auf das Nichtbeachten wesentlicher heuristischer Regeln zurückzuführen ist"* oder bei Heinrich/Bruder/Bauer (2014) *„ein konstruktives Verhältnis zu Denkfehlern schaffen"*. Tietze & Förster (2000) hingegen grenzen den Begriff Fehler in ihrem Methodenkatalog nicht ein. Sie sprechen davon, *„ein konstruktives Verhältnis zu Fehlern aufbauen"*. Heinrich/Bruder/Bauer (ebenda) und Tietze & Förster (ebenda) beziehen sich dabei auf Wittmann (1975), welcher diese Maßnahme im Rahmen von Strategievermittlungen nennt. Dörner (1979: 140) greift diesen Punkt als eine mögliche Form des Denktrainings zur Förderung der Problemlösefähigkeit auf: *„Das Übungstraining, verbunden mit Selbstreflexion, soll ein konstruktives Verhältnis zu Denkfehlern schaffen. Fehler müssen als Signal zur Veränderung der eigenen kognitiven Struktur verstanden werden."*

In der vorliegenden Studie wird die Auffassung vertreten, dass der Verlauf und das Ergebnis von Problembearbeitungsprozessen nicht nur von der Qualität strategischen Arbeitens bestimmt werden. Auch Wissens- und Fertigkeitsfehler können erheblichen Einfluss auf den Problembearbeitungsprozess nehmen und somit die Lösung eines Problems hemmen oder sogar verhindern, sofern sie sich *lösungshinderlich* auf den Problembearbeitungsprozess auswirken. An dieser Stelle sollen Beispiele für lösungshinderliche Wissensfehler und Fertigkeitsfehler gegeben werden. Dafür werden Ausschnitte aus einem Problembearbeitungsprozess zu dem „Dreiecks-Winkel-Problem" ausgewählt, welches an späterer Stelle dieses Buches noch von Bedeutung sein wird.

---

[19] Im Weiteren werden die o.g. Begriffe in Anlehnung an Heinrich (2010) verwendet.

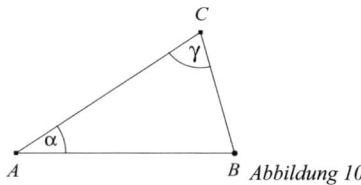

> **„Dreiecks-Winkel-Problem"** nach Jainta (1997)
>
> In einem Dreieck ABC gelte: $\gamma = 2\alpha$.
>
> Zeigen Sie: Zwischen den drei Seitenlängen a, b und c besteht die Beziehung $c^2 = a \cdot (a+b)$.
>
> *C*
>
> *Abbildung 10*

Ein lösungshinderlicher Fertigkeitsfehler wäre exemplarisch folgende fehlerhafte Umformung von Termen der zu beweisenden Zielgleichung und dem Kosinussatz, sofern der fehlerhafte Ausdruck bei der weiteren Lösungssuche fortgeführt (unter Umständen bis zur Beendigung der Problemlösebemühungen) wird:

$$a^2 + ab = a^2 + b^2 - 2ab\ cos\gamma \quad | -a^2$$
$$ab = b^2 \underbrace{- 2ab\ cos\gamma} \quad | : ab$$
$$1 = b^2 - 2\ cos\gamma$$

Weitere häufig vorkommende Fertigkeitsfehler, die sich beim Beweisen von geometrischen Problemen als lösungshinderlich herausstellen können, welche im Rahmen einer ähnlichen Studie (vgl. Heinrich 2013a, Lüddecke 2013)[20] zu Fehlern beim Bearbeiten mathematischer Probleme identifiziert wurden, sind zudem:

- Fehlerhaftes Umformen von Gleichungen, dabei ist es nicht selten, dass Operationen falsch angewendet werden
- Gleichungen werden unvollständig aufgestellt
- Vorzeichenfehler
- Fehlerhaftes Ausklammern in Termen
- Fehlerhaftes Bearbeiten von Bruchgleichungen
- Fehlerhafter Umgang mit binomischen Formeln

Ein lösungshinderlicher Wissensfehler in Bezug auf das Dreiecks-Winkel-Problem kann zum Beispiel fehlerhaftes Wissen über die Transversalen im Dreieck sein, wenn der Problembearbeiter die Eigenschaften dieser Linien bei der Lösungssuche miteinander vertauscht.

---

[20] Die herausgearbeiteten Fehler beziehen sich ausschließlich auf das „Dreiecks-Winkel-Problem", das auch dieser Erkundungsstudie zugrunde liegt und daher in Kapitel 4.1. näher beschrieben wird.

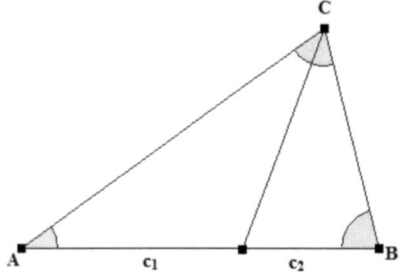

Abbildung 11

Die Feststellung *„die Winkelhalbierende w_c halbiert immer die Gegenseite. Daraus folgt das $c_1 = c_2$ ist. "* kann bei der Weiterverwendung über längere Bearbeitungsabschnitte hinweg oder bis zum Ende des Problembearbeitungsprozess lösungshinderlich sein. Weitere wiederholt aufgetretene lösungshinderliche Wissensfehler sind folgende Defizite über:

- Seiten-Winkel-Beziehungen am rechtwinkligen Dreieck (meist Verwechslungen)
- Weitere trigonometrische Beziehungen (meist fehlerhaft aufgestellt)
- Satzgruppe des Pythagoras (meist Voraussetzungen nicht beachtet)
- Innenwinkelsummen in Vielecken (Verwechslungen, z.T. unbekannt)
- Höhen, Seitenhalbierende und Winkelhalbierende im Dreieck (Eigenschaften, Verwechslungen)
- Gleichschenklige Dreiecke (Eigenschaften)
- Dreieckskomponenten (Verwechslungen)

(vgl. Heinrich 2013a, Lüddecke 2013).

In Anlehnung an Becker (1985) und frühere Arbeiten (Heinrich 2004, 2008) identifizierte und charakterisierte Heinrich (2010: 35) die folgenden zehn Arten von Strategiefehlern, welche sich lösungshinderlich auf den Problembearbeitungsprozess auswirken können:

---

1. Komponenten aus fehlerhaften früheren Lösungsanläufen werden ungeprüft weiterverwendet:

Elemente eines nicht zielführenden Lösungsanlaufes, von dem die Bearbeiter wissen, dass er Fehler enthält, werden ohne Überprüfung weiter verwendet.

2. Die Lösungssuche erfolgt nicht methodenbewusst:

Es wird mit einer heuristischen Strategie „formal" gearbeitet, d.h., ohne zu wissen, was diese überhaupt zu leisten vermag. Es ist unklar, wann und wo sie sinnvoll genutzt werden kann, wodurch sie sich auszeichnet und von „welcher Art" die Lösung sein muss.

---

3. Eigenschaften eines mathematischen Sachverhaltes werden unzureichend bzw. unvollständig ausgeschöpft:

Ein mathematischer Sachverhalt wird vor dem Hintergrund des Suchens nach einer Problemlösung unter genau einem Aspekt behandelt, wenngleich weitere Betrachtungsweisen (und damit Arbeitsrichtungen) nahe liegend sind.

4. Die Lösungssuche wird asymmetrisch organisiert:

Probanden gestalten die Lösungssuche im Hinblick auf bestimmte Aspekte (Qualitäten) des Problemlösungsprozesses deutlich einseitig, selbst bei lange andauernder Erfolglosigkeit. Die Asymmetrie kann dabei verschiedene Aspekte betreffen z.B. Einbezug der Winkelbeziehung, Neuartigkeit von Lösungsanläufen, die den Lösungsanläufen zugrunde liegende Figur, Sichtweise und Behandlung vom Problem, Verwendung trigonometrischer Lösungsmittel und die Richtung der Lösungssuche.

5. Zwischenergebnisse werden nicht gespeichert:

Ergebnisse früherer Lösungsbemühungen, die bei der weiteren Lösungssuche benötigt werden, sind nicht mehr verfügbar. Sie wurden entweder nicht fixiert oder vernichtet.

6. Erfolgversprechende probierende Lösungsverfahren werden nicht benutzt:

Wenngleich probierende Lösungszugänge Aussicht auf Erfolg versprechen, werden „mathematischere" Zugänge (z.B. Algorithmen) gewählt.

7. Lösungsbedingungen werden nicht oder nicht angemessen in Lösungsanläufe einbezogen:

Zur Lösung notwendige Bedingungen werden in Lösungsanläufen nicht oder nicht angemessen berücksichtigt. (z.B. erst zu einem fortgeschrittenen Zeitpunkt, wo Einbezug nicht mehr möglich ist).

8. Trächtige Lösungsideen werden nicht oder nur unzureichend fortentwickelt:

Vor allem „Nichtroutine"-Ideen (Bewertung durch Interpreten) werden nur als Gedankensplitter eingebracht, eine Fortentwicklung der Idee wird nicht vorgenommen.

9. Vorerfahrung wird formal, unkritisch oder unreflektiert übertragen:

Problemlöser übertragen frühere Erfahrungen auf neuartige Kontexte, ohne die Angemessenheit und Korrektheit des Schlusses zu berücksichtigen.

10. Zur Überprüfung bisheriger Arbeitsergebnisse werden unangemessene oder unkorrekte Kontrollstrategien verwendet:

Hierbei geht es nicht um Fertigkeitsfehler im Rahmen von Kontrollverfahren, sondern um logische Fehler im Rahmen von Kontrollhandlungen und Überprüfung von Getanem.

In dieser Untersuchung werden der **Fehlerkategorie 10** „*zur Überprüfung bisheriger Arbeitsergebnisse werden unangemessene oder unkorrekte Kontrollstrategien verwendet*" auch fehlende Kontrollhandlungen zugeordnet.

Darüber hinaus formulierte Alexy (2009) in einer ähnlich angelegten Erkundungsstudie zwei weitere Strategiefehlerarten, welche er keiner Fehlerkategorie von Heinrich (2010) zuordnen konnte:

---

11. Springen an der Oberfläche:

Das Verhalten ist dadurch gekennzeichnet, dass die Versuchsperson zwischen den einzelnen Lösungsansätzen hin und her springt, ohne den Abbruch des jeweiligen Ansatzes sachlich zu begründen und ohne bei dem jeweiligen Ansatz in die Tiefe zu gehen.

12. Kreisläufer oder Doppelungen im Vorgehen:

Es handelt sich dabei um Lösungsschritte, die den Problembearbeiter auf der Stelle treten lassen. Er tut zwar etwas, bleibt aber genau an der Ausgangsstelle stehen.

Im Rahmen weiterer Untersuchungen (vgl. Beese 2011, Schmitz 2011, Lüddecke 2013, Strecker 2013, Wagner 2013) wurden weitere Ausprägungen von Strategiefehlern gefunden:

---

13. Unübersichtliches Anfertigen der Aufzeichnungen:[21]

Unübersichtliches Anfertigen bzw. fehlende Strukturierung der schriftlichen Aufzeichnungen.

14. Unsicherer Umgang mit heuristischen Hilfsmitteln:[22]

Variierung der Seitenbenennung, welche z.T. nicht den Konventionen entsprechend, trotz Vorlage und Einsicht in den externen Wissensspeicher.

15. Funktionale Gebundenheit:[23]

Einschränkungen in der Verwendung von Mitteln, resultierend durch die Erfahrung in der Anwendung der Mittel (vgl. Dörner 1979: 78). Zum Beispiel Fokussierung auf Termumformungen bei der Lösungssuche.

16. Verbotsirrtum:[24]

Die Versuchsperson meint aus bestimmten Gründen, dass bestimmte Operationen verboten seien, obwohl in der Problemstellung ein solches Verbot nicht enthalten ist (Dörner 1979: 79) und wendet deswegen diese (passende, geeignete) Operation nicht an.

17. Sehr lange „lösungsstagnierende" Analysephasen:[25]

Während der Lösungssuche werden lange Überlegungen angeführt, die den Lösungsprozess nicht zwingend voranbringen.

---

[21] Vgl. Schmitz (2011)
[22] Vgl. ebenda
[23] Vgl. ebenda. Dieser SF wird mit „Klammern an der Gleichungslehre" bezeichnet.
[24] Vgl. ebenda
[25] Vgl. Wagner (2013)

18. Verkomplizierung der Problemsituation[26]

Die Lösungssuche erfolgt durch die Einführung weiterer Variablen, die für die eigentliche Lösung hinderlich sind und den Bearbeiter nur vom eigentlichen Lösungsprozess abbringen.

19. Ungeeignete Einbeziehung eines Elements der Problemsituation:[27]

Bereits benannte Elemente werden durch die Einführung einer weiteren Beschriftung doppelt benannt und unter der neuen Bezeichnung weiterverwendet, wodurch möglicherweise Erkenntnisse ausbleiben.

Aber nicht nur im Bereich der Mathematikdidaktik, sondern auch in anderen wissenschaftlichen Bereichen, wird versucht, das Wissen über strategische Defizite zu erweitern. Zum Beispiel hat der Psychologe Harald Schaub (2006) eine Sammlung von Fehlern beim komplexen Problemlösen vorgelegt. Einige lassen sich auch auf (Strategie-) Fehler beim Bearbeiten mathematischer Probleme übertragen, wobei sich manche, auf den mathematischen Kontext bezogen, auch überlappen. Mögliche Entsprechungen sind in der vorliegenden Untersuchung die Folgenden:

Schaub (2006)	Arbeitsgruppe Heinrich
Prüf- und Modifikationsmöglichkeiten: Bereits bei der Planung des eigenen Vorgehens sollten Prüf- und Modifikationsmöglichkeiten für das „Hinterher" vorgesehen werden. **Fehlende Situationsanalyse:** Weiterhin lässt sich ganz allgemein sagen, dass das Planen von Maßnahmen grundsätzlich unangebracht ist, wenn vorher keine Situationsanalyse durchgeführt wurde.	**Strategiefehler 2:** Fehlendes Methodenbewusstsein
Zentralreduktion: Damit ist die Leugnung der Vernetztheit des Realitätsbereiches gemeint. Die konstruktive Auseinandersetzung mit einer Vielzahl von Elementen des Realitätsbereiches wird aufgegeben. **Einkapselung:** Beißen wir uns in kleinen überschaubaren Ausschnitten des Systems fest, um dort Probleme zu lösen, (…), während das Große, Ganze aus den Augen verloren wird, so ist das Anzeichen für eine Einkapselung.	**Strategiefehler 4:** Die Lösungssuche wird asymmetrisch organisiert.

---

[26] Vgl. ebenda
[27] Vgl. ebenda

Dekonditionalisierung von Maßnahmen:	**Strategiefehler 7:**
Weiterhin gibt es als Fehlerquelle beim Planen das Übersehen der Tatsache, dass bestimmte Ereignisse nur unter bestimmten Bedingungen die gewünschte Wirkung erzielen.	Lösungsbedingungen werden nicht oder nicht angemessen in Lösungsanläufe einbezogen.
Übergeneralisierung:	**Strategiefehler 9:**
Man findet ein Beispiel 1, und dieses hat bestimmte Eigenschaften. Dann findet man einen Fall 2, dieser hat die gleichen Eigenschaften. Und dann findet man einen Fall 3 und einen Fall 4, die wieder diese Eigenschaften aufweisen - also schließt man, dass alle überhaupt denkbaren Fälle dieses Typs die entsprechenden Eigenschaften aufweisen.	Vorerfahrung wird formal, unkritisch oder unreflektiert übertragen.
Ungeprüfte Übernahme von Vorwissen:	
Im Zusammenhang mit der Generalisierung kann allgemein gesagt werden, dass keine ungeprüfte Übernahme von Vorwissen stattfinden sollte. Das Wissen ist immer auf die Angemessenheit für eine konkrete Situation erneut zu prüfen.	
Unterlassung der Effektkontrolle und der Selbstreflexion:	**Strategiefehler 10:**
Der typische Fehler, den man bei der Effektkontrolle und der Selbstreflexion begehen kann, ist die Effektkontrolle und Selbstreflexion zu unterlassen. Die hervorgerufenen Effekte werden nicht beobachtet und die Strategien des Vorgehens werden nicht hinterfragt oder aber man tut dies zwar, zieht aber keine Schlussfolgerungen daraus.	Fehlende Kontrollhandlungen **Strategiefehler 10:** Zur Überprüfung bisheriger Arbeitsergebnisse werden unangemessene oder unkorrekte Kontrollstrategien verwendet
Reperaturdienstverhalten:	**Strategiefehler 11:**
Eine Verhaltensweise, die (…) zu vielen verschiedenen Fehlern führen kann, ist das planlose „mal hier und mal dort herumflicken".	Springen an der Oberfläche
Gerutschte Übergänge:	
Charakteristisch hierfür ist die leichte (durch externe Einflüsse) Ablenkbarkeit einer Person, so dass jede neue Information, die ihr zugetragen wird, dazu führen kann, dass sie sich gleich mit diesem Thema beschäftigt.	
Thematisches Vagabundieren:	
Man plant Maßnahme A, wird abgelenkt und beschäftigt sich mit der Planung der Maßnahme B. Eine Idee steigt auf, C wird geplant. Doch, wie das Leben so spielt, noch bevor man fertig ist, fällt einem ein, dass zuvor D geplant und durchgeführt sein muss, damit C überhaupt sinnvoll ist. Voraussetzung für D ist aber die Planung von B. Dieses oszillierende Verhalten, also das ständige Wechseln des Beschäftigungsfeldes, wird thematisches Vagabundieren genannt.	

Methodismus:	**Strategiefehler 15:**
Methodismus ist das Festhalten an vormals erfolgreichen Methoden in neuen Situationen.	Funktionale Gebundenheit
Falsche Hypothesen:	**Strategiefehler 16:**
Falsche (Einzel-) Hypothesen können als Fehlerquelle in Frage kommen, da auch diese verheerende Auswirkungen haben können. Das Planen wird dann unter falschen Voraussetzungen in Angriff genommen.	Verbotsirrtum
Anwendung illegaler Operatoren:	**Wissensfehler:**
Die mit einer Maßnahme verbundenen Konditionen der Anwendung können auch durch systemimmanente Einschränkungen gegeben sein. Wenn diese Einschränkungen unbeachtet bleiben, so kann es zur Anwendung illegaler Operatoren kommen.	Diesen Fehler würden wir in den Bereich „Wissensdefizite" einordnen z.B. die Anwendung des Satzes des Pythagoras im nicht rechtwinkligen Dreieck.
Durchwursteln:	Dieser Fehler lässt sich bisher keiner Fehlerkategorie der Arbeitsgruppe Heinrich zuordnen.
Es werden die dringlichen aber unwichtigen Probleme gelöst. Das, was eigentlich wichtig ist, bleibt liegen.	
Ungenügende oder fehlende Zielbalancierungen:	
Ungenügende oder fehlende Zielbalancierung sind Folgen mangelnder Zielkonkretisierung.	

Der vorliegenden Studie wird zudem die Fehlerart „fehlende Zielbalancierung" nach Schaub (2010) hinzugefügt, welche keiner bisher aufgeführten Problemkategorie zugeordnet werden konnte, da die Vermutung besteht, dass dieser Fehler auch in Problembearbeitungsprozessen mit mathematischen Bezug als lösungshemmende Verhaltensweise auftreten kann. Wir werden an späterer Stelle darauf zurückkommen.

---

20. Fehlende Zielbalancierung:

Die Lösungssuche wird ab einem Zeitpunkt nicht zielfokussiert fortgeführt. Häufig handelt es sich dabei um wahllose Umformungen, welche nicht auf das Ziel ausgerichtet sind.

Laut Heinrich (2010: 41), hat Mathematikunterricht die Aufgabe, solchen lösungshemmenden Fehlern beim Problemlösen entgegen zu wirken. Dies sieht er als eine Möglichkeit zur Förderung der Problemlösekompetenz. Allerdings müssen diese Annahmen in einem größeren Untersuchungsrahmen bestätigt werden, um daraus hinreichend Wissen über Fehler beim Problemlösen gewinnen zu können und Mathematiklehrende diesbezüglich sensibilisieren zu können. Im Rahmen dieser Untersuchung wurde eine Erkundungsstudie über lösungshemmende Fehler in Problemlöseprozessen durchgeführt, um das Wissen über Fehler beim Problemlösen anzureichern. Denn erst durch eine entsprechende Wissensgrundlage lassen sich mögliche didaktische Überlegungen für Lehrkräfte ableiten. Die zugrundeliegende Fragestellung der Untersuchung soll im nachfolgenden Kapitel dargestellt werden.

3. WISSENSCHAFTLICHE FRAGESTELLUNG DER EMPIRISCHEN ERKUNDUNGSSTUDIE

Wie in Kapitel 2.4.1 bereits bemerkt wurde, hat man über Fehler in Problembearbeitungsprozessen bislang nur periphere Kenntnisse. Die vorliegende Untersuchung hat die Intention, diese Wissenslücke zu minimieren, um Anregungen für eine gezielte didaktische Einflussnahme geben zu können (vgl. BLK 1997). Dafür wird eine empirische Erkundungsstudie durchgeführt, die unter folgender Fragestellung steht:

Wissenschaftliche Fragestellung:

1. Welche (Art) Fehler behindern oder verhindern das Finden einer Lösung?

Durch empirische Analysen sollen ergänzende Informationen zum Auftreten von Fehlern in Problembearbeitungsprozessen zusammengetragen werden, um Anregungen geben zu können, welchen lösungshinderlichen Fehlern insbesondere durch die Lehrperson entgegenzuwirken ist (vgl. Heinrich 2013a). In diesem Kontext sollen die in Kapitel 2.4.2 beschriebenen Fehler nach Geering (1995) in mathematischen Problembearbeitungsprozessen identifiziert, charakterisiert und lokalisiert werden. Denn erst die Identifikation von Lernschwierigkeiten ermöglicht individuelle Fördermaßnahmen. Damit eine entsprechende Einflussnahme erfolgen kann, bedarf es einer sorgfältigen Fehleranalyse, mit welcher eine Systematisierung von Fehlern entwickelt werden kann. Dafür ist es zumeist notwendig, den Problembearbeitungsprozess für die Analyse von Fehlern zu kennen und zu berücksichtigen (vgl. Radatz 1980: 54).

Aus didaktischer Sicht ist es aber nicht nur von Bedeutung, die reine Fehlerhandlung als solche zu erkunden, sondern es ist auch wichtig, die beeinflussenden Faktoren und zugrundeliegende Ursachen von Fehlern zu untersuchen. Dazu gehören unter anderem der mathematische Fertigkeits- und Wissensstand, das Textverständnis, die momentane Befindlichkeit, metakognitive Fähigkeiten des Lernenden sowie Situatives (hohe/niedrige Temperaturen, usw.).

Dennoch ist zu bedenken, dass eine Kategorisierung von Fehlern immer auf subjektiven Annahmen beruht, welche nicht zwangsläufig miteinander zu vereinbaren sind. Daher ist eine Ursachenzuweisung für ein Fehlerphänomen nicht immer eindeutig möglich (vgl. ebenda).

2. *Was leisten Lernende aus eigener Kraft im Finden von Fehlern?*

   Welche (Art) eigener Fehler werden von den Lernenden erkannt?

   A) im realen Handlungsvollzug

   B) in retrospektiver Betrachtung

Fehler wirken sich häufig als lösungshinderlich in Problemlöseprozessen aus, weil die Problembearbeiter häufig an einer ausbleibenden Fehlererkennung bzw. Fehlerbehebung scheitern. In diesem Zusammenhang werden die unter 1) identifizierten Fehler hinsichtlich der Fehlererkennung durch den Problembearbeiter im realen Handlungsvollzug und in retrospektiver Betrachtung untersucht. Dabei wird zwischen den Ausprägungen *erkennen*, *analysieren* und *korrigieren* unterschieden sowie die Vollständigkeit oder Unvollständigkeit des Fehlerumgangs bewertet. Die Befunde ermöglichen der Lehrperson zu erkennen, auf welchem Lernstand sich die Lernenden befinden, um sie auf diesem abholen zu können. Zudem geben Fehleranalysen Auskunft darüber, welche lösungshinderlichen Fehler von den Lernenden nicht erkannt werden, und an welcher Stelle die Hilfe der Lehrkraft unverzichtbar ist. Es ist ein pädagogischer Grundsatz, dass didaktische Maßnahmen dort ansetzen sollen, wo sich Lernende in ihrer Entwicklung befinden (vgl. Heinrich 2010).

Darüber hinaus gibt eine Analyse Hinweise für die Umsetzbarkeit von *Lernen aus (eigenen) Fehlern* im Kontext des Problemlösens, die Grundlage für das Lernen aus eigenen Fehlern sein kann (vgl. Heinrich 2013a). Im Hinblick auf den Erwerb von „negativem Wissen" (Oser/Hascher/Spychiger 1999) soll so die Problemlösefähigkeit gefördert werden. Die Grundidee ist dabei, dass der Problembearbeiter negatives Wissen durch den Umgang mit Fehlern beim Problemlösen erwirbt. Negatives Wissen umfasst zum einen *Abgrenzungswissen*, d.h. Wissen darüber, inwiefern etwas nicht zu einer Sache, einem Konzept oder Verfahren gehört, und zum anderen *Fehlerwissen*. Damit ist Wissen gemeint, was in einer bestimmten Situation nicht getan werden darf (vgl. auch Prediger & Wittmann 2009). Damit ist die Erwartung verbunden, dass die Problembearbeiter lernen, was beim Problemlösen nicht getan werden sollte, also Wissen über mögliche Fehler und lösungshemmende Verhaltensweisen. Mit dem Erwerb solchen Wissens ist die Antizipation verbunden, dass bestimmte Fehler oder defizitäre Verhaltensweisen zukünftig vermieden werden können. Zudem wird erwartet, dass das Wissen über das Richtige, um korrekte bzw. geeignete Verhaltensweisen, verstärkt wird (vgl. Heinrich 2013b: 7).

Ein erster Schritt, um das Konzept des negativen Wissens umzusetzen, ist es, einen konstruktiven Umgang mit Fehlern beim Problemlösen zu schaffen. Dazu gehört, dass Lernende Fehler im Problembearbeitungsprozess *erkennen*, diese *analysieren* können und die

Möglichkeit haben, sie zu *korrigieren* (vgl. Heinrich 2013b, Oser/Hascher/Spychiger 1999). Eine Möglichkeit für diese Umsetzung sind Fehleranalysen bei Problembearbeitungsprozessen.

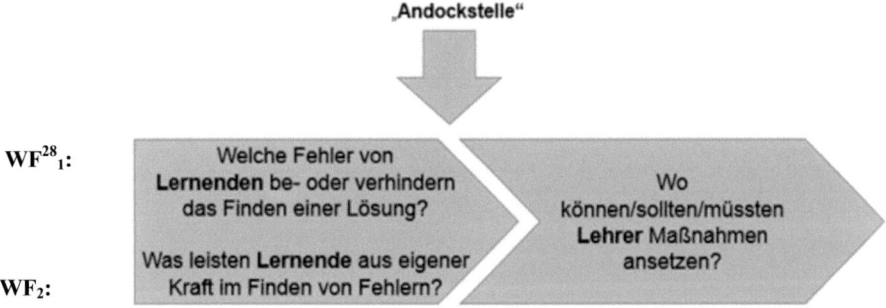

„Andockstelle"

WF[28]1:

WF2:

Welche Fehler von **Lernenden** be- oder verhindern das Finden einer Lösung?

Was leisten **Lernende** aus eigener Kraft im Finden von Fehlern?

Wo können/sollten/müssten **Lehrer** Maßnahmen ansetzen?

Förderung der Problemlösefähigkeit
(im Hinblick auf den Erwerb von negativen Wissen)

Abbildung 12: Orientierungshilfe über Fehleranalysen

Fehleranalysen fungieren also als „Andockstelle" zwischen Lehrenden und Lernenden (vgl. Abb. 12). Mit ihnen ist die Erwartung verbunden, dass das Wissen über Fehler und den Umgang mit Fehlern beim Problemlösen erweitert wird.

Darüber hinaus sind Fehleranalysen eine Forschungsmethode der Mathematikdidaktik, um kognitive Prozesse des Mathematiklernens zu analysieren, aber auch um Bildungspläne im Fach Mathematik zu evaluieren und Lehrgangskonzeptionen zu vergleichen. Denn Fehler sind nicht nur auf den Schüler zurück zu führen, sondern sie liefern gleichzeitig einen Hinweis auf Probleme der didaktisch-methodischen Aufbereitung des Lehrstoffes (Sommer 1985: 38).

Durch die Beantwortung der beiden Fragen werden also Hinweise erwartet, wie der Fehleraspekt im Rahmen der Förderung der Problemlösekompetenz produktiv einbezogen werden kann. Durch die Befunde lassen sich dann vermutlich begründete und zielgerichtete Förder- und Hilfsmaßnahmen ableiten.

Im nachfolgenden Kapitel soll das methodologische Vorgehen der Erkundungsstudie zu Fehleranalysen, die dieser wissenschaftlichen Fragestellung zugrunde liegt, dargelegt werden.

---

[28] WF = Wissenschaftliche Fragestellung

4. METHODOLOGISCHES VORGEHEN

Im Folgenden wird die Methodologie der Erkundungsstudie vorgestellt, deren Untersuchungsdesign an die methodologische Vorgehensweise von Heinrich (2004) angelehnt ist. Es handelt sich dabei um eine Vorstudie im Rahmen der Untersuchungen von Steffen Juskowiak (Promotionsprojekt 2014) unter Leitung von Prof. Dr. Frank Heinrich.

Die Vorstudie umfasst Video- und Audioaufzeichnungen von fünf Versuchspersonen zu fünf (geometrischen) Problemen. In der vorliegenden Untersuchung werden fünf Probanden bei der Bearbeitung ein und desselben Problems betrachtet.

4.1 ZUR AUSWAHL GEEIGNETER PROBLEME

Damit Untersuchungen zu Fehleranalysen beim Bearbeiten mathematischer Probleme überhaupt durchgeführt werden können, sind zweckmäßige Probleme erforderlich, deren Bearbeitung durch die Versuchspersonen in Form von auswertbaren Dokumenten festgehalten wird.

Der Auswahl geeigneter Probleme wurde innerhalb dieser Vorstudie große Bedeutung beigemessen. Wichtigstes Auswahlkriterium war hierbei, dass den Problemen verschiedene Lösungsmöglichkeiten immanent sind (vgl. Juskowiak 2014). Heinrich (2004: 188) charakterisiert ein Problem, welches diesen Anforderungen genügt, wie folgt: *„Anfangs- und Endzustand sind relativ klar ausgewiesen, die Transformation vom Anfangs- in den Endzustand ist hingegen unklar. Die Probleme können auf verschiedene Weise mit unterschiedlichen Mitteln und Methoden gelöst werden.".*

Nach Dörners Problemklassifikation (1979) handelt es sich damit (in der Regel)[29] um ein synthetisches Problem. Für diese Studie wurden vornehmlich Probleme aus dem Themengebiet der Geometrie ausgewählt, welche dem Leistungstand der Versuchspersonen entsprechen. Das ist zum einen darin begründet, dass sich dieser Inhaltsbereich der Mathematik für problemorientiertes Arbeiten eignet (vgl. Becker 1987: 124, Wittmann 2009: 86). Auch Jainta (1997: 22) zeigt auf, dass sich die Geometrie aufgrund der Vielzahl von Problemen mit unterschiedlichem Schwierigkeitsgrad für das Problemlösen eignet. Zum andern sollen die

---

[29] Da die Barriere personenspezifisch ist, kann es sich daher auch um ein Interpolationsproblem handeln, wenn dem Problembearbeiter die Mittel zur Lösung bekannt sind. Zudem ist es sichtweisenabhängig, ob man die Mittel zur Lösung des Problems (z.B. über ähnliche Dreiecke, vgl. Kap. 4.2) als bekannt bewertet, sofern diese für den Problembearbeiter nicht offensichtlich sind. Laut mündlicher Aussage würde Dörner selbst das Problem 5 als synthetisches Problem oder Interpolationsproblem einstufen. Für ihn sind die Abgrenzungen zwischen den Problemtypen mittlerweile fließend.

Probleme eine längere Bearbeitungszeit (von etwa einer Schulstunde) erfordern, um „brauch-barere" Beobachtungen und Erkenntnisse aus den Problembearbeitungsprozessen ableiten zu können.

Daher einigte man sich u.a. auf das folgende „Dreiecks-Winkel-Problem" (vgl. Kap. 2.4.2), welches den genannten Kriterien entspricht, und im Rahmen dieser Vorstudie verwendet wurde (vgl. Juskowiak 2014):

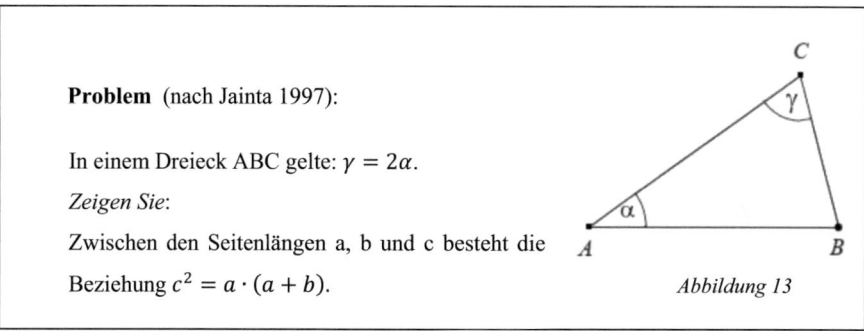

Problem (nach Jainta 1997):

In einem Dreieck ABC gelte: $\gamma = 2\alpha$.

Zeigen Sie:

Zwischen den Seitenlängen a, b und c besteht die Beziehung $c^2 = a \cdot (a + b)$.

Abbildung 13

Bei dem im Rahmen dieser Studie erkundeten Problems handelt es sich um ein Beweisprob-lem, welches Pólya (1949) als *Entscheidungsaufgabe* bezeichnet. Dieses Problem wurde 1992 als „Aufgabe" in der Endrunde der indischen Landesmathematikolympiade verwendet (vgl. Jainta 1997). Bei diesem Problem handelt es sich um ein anspruchsvolles Beweisproblem, bei dem der Schwierigkeitsgrad in empirischen Untersuchungen von Heinrich (2004) bei $\approx 0{,}94$ lag. Der Schwierigkeitsgrad repräsentiert die relative Häufigkeit falscher Lösungen.

4.2 EXEMPLARISCHE LÖSUNGSMÖGLICHKEITEN DES AUSGEWÄHLTEN PROBLEMS

Für das Problem gibt es diverse Lösungsmöglichkeiten. An dieser Stelle sollen einige exemp-larisch aufgezeigt werden, damit der Leser die Lösungsansätze der Versuchspersonen im Problembearbeitungsprozess besser einordnen und nachvollziehen kann. Diese und weitere Lösungsmöglichkeiten des Problems finden sich zum Beispiel bei Juskowiak (2014), Heinrich (2004: 213f.) und Jainta (1997: 22f.).

Die Problemstellung wird wiederholend aufgeführt:

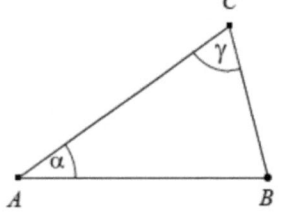

In einem Dreieck ABC gelte: $\gamma = 2\alpha$.

Zeigen Sie:

Zwischen den Seitenlängen a, b und c besteht die

Beziehung $c^2 = a \cdot (a + b)$.

Abbildung 14

Lösungsmöglichkeit 1 (Ähnlichkeitsbeweis):

Die schnellste und einfachste Möglichkeit ist der Ansatz, das Problem über die Ähnlichkeit von Dreiecken zu lösen. Eine Möglichkeit ähnliche Dreiecke zu erzeugen, ist das Verlängern der Dreieckseite BC über C hinaus und das Spiegeln des Innenwinkels α an der Seite AC, sodass ∢ $CAD = \alpha$ gilt.

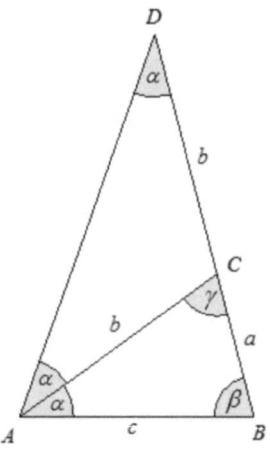

Für den Winkel ADC gilt damit:

$\sphericalangle ADC = 180° - 2\alpha - \beta$

$= 180° - 2\alpha - (180° - \alpha - \gamma)$

$= \gamma - \alpha$

$= 2\alpha - \alpha = \sphericalangle CAD.$

Abbildung 15

Somit ist das Dreieck DAC gleichschenklig mit $\overline{AC} = \overline{DC}$ und es gilt für die Seite $\overline{BD} = a + b$. Aufgrund der Winkelgleichheit sind die Dreiecke ABC und ABD einander ähnlich.

Somit gilt:

$$\frac{\overline{AB}}{\overline{BC}} = \frac{\overline{BD}}{\overline{AB}}$$

$$\Leftrightarrow \overline{AB}^2 = \overline{BC} \cdot \overline{BD}$$

$$\Leftrightarrow c^2 = a \cdot (a + b) \qquad \text{q.e.d.}$$

Ferner lassen sich ähnliche Dreiecke auch durch das Einzeichnen der Winkelhalbierenden erzeugen. Durch die Winkelhalbierende des Winkels γ entstehen das gleichschenklige Dreieck ADC und das Dreieck DBC, welches aufgrund der Winkelgleichheit ähnlich zum Ausgangsdreieck ABC ist:

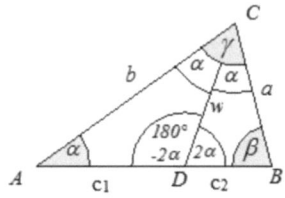

$\sphericalangle CDA = 180° - 2\alpha$

Abbildung 16

$\sphericalangle BCD = 180° - \sphericalangle CDA = 2\alpha = \gamma$

Aufgrund der Ähnlichkeit verhält sich $\dfrac{c}{a} = \dfrac{a}{c_2}$ und da $c_2 = c - c_1$ gilt, ist auch $\dfrac{c}{a} = \dfrac{a}{(c-c_1)}$.

Des Weiteren verhält sich $\dfrac{c}{b} = \dfrac{a}{w}$ und da $w = c_1$, gilt auch $\dfrac{c}{b} = \dfrac{a}{c_1}$ bzw. $c_1 = \dfrac{ab}{c}$. Durch

Einsetzen von c_1 in die Gleichung $\dfrac{c}{a} = \dfrac{a}{(c-c_1)}$ erhält man nach mehreren Umformungen die Zielgleichung:

$$\frac{a}{c-\frac{ab}{c}} = \frac{c}{a}$$

$$\Leftrightarrow a^2 = c \cdot (c - \frac{ab}{c})$$

$$= c^2 - ab$$

$$\Leftrightarrow c^2 = a^2 + ab$$

$$= a \cdot (a + b) \quad \text{q.e.d.}$$

Lösungsmöglichkeit 2

Zudem kann das Problem über planimetrische Sätze, wie den Sekanten-Tangenten Satz, bewiesen werden.

Durch die Ecken A und C des Ausgangsdreiecks wird ein Kreis so eingezeichnet, dass die Seite AB Tangente wird. $\overline{BC}$ wird über C hinaus verlängert und trifft den Kreis im Punkt D.

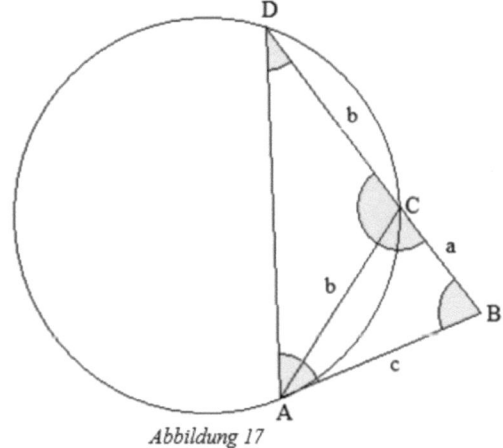

Abbildung 17

In dieser Situation gelten zwei elementargeometrische Sätze:

(*) Sekanten-Tangenten-Satz: Zeichnet man durch einen Punkt S außerhalb eines Kreises eine Tangente und eine Sekante, so ist das Produkt der Sekantenabschnitte gleich dem Quadrat des Tangentenabschnittes.

(**) Satz über den Sehnen-Tangenten-Winkel: Der Winkel zwischen einer Sehne und der Tangente in einem Sehnenendpunkt ist so groß wie der zur Sehne gehörende Umfangswinkel.

Wegen (**) ist das Dreieck ACD gleichschenklig und die Schenkel AC und DC sind gleichlang. Satz (*) liefert demnach das gewünschte Ergebnis: $\overline{AB}^2 = \overline{BD} \cdot \overline{BC}$ oder $c^2 = a \cdot (a + b)$. q.e.d.

Lösungsmöglichkeit 3

Eine weitere Lösung des Problems erhält man über geschicktes Kombinieren insbesondere von Gleichungen, welche in Gesetzmäßigkeiten der Trigonometrie enthalten sind, mit der Zielgleichung, einschließlich Termumformungen und Termersetzungen. Ein mögliches Vorgehen ist dabei die zweimalige Anwendung des Kosinussatzes, welche beide den Winkel α enthalten, mit entsprechenden Umformungen und das Einsetzen der Funktion des doppelten Winkels in diesen. Aufgrund der Ähnlichkeit des Kosinussatzes $c^2 = a^2 + b^2 - 2ab \cdot cos\gamma$ mit der Zielgleichung $c^2 = a \cdot (a + b)$ bzw. $c^2 = a^2 + ab$ bietet sich dieser Ansatz an, ist aber mit großem Aufwand verbunden (vgl. Juskowiak 2014).

Im Ausgangsdreieck ABC gelten folgende Gesetzmäßigkeiten:

(*): $c^2 = a^2 + b^2 - 2ab \cdot cos2\alpha$ ($cos\gamma = cos2\alpha$ aufgrund der Voraussetzung $\gamma = 2\alpha$)

(**): $a^2 = b^2 + c^2 - 2bc \cdot cos\alpha$

Im Weiteren wird cos 2α in (*) durch die Funktion des doppelten Winkels $2cos^2\alpha - 1$ ersetzt und die daraus resultierende Gleichung weiter umgeformt:

(*): $c^2 = a^2 + b^2 - 2ab \cdot cos2\alpha$

$= a^2 + b^2 - 2ab \cdot (2cos^2\alpha - 1)$

$= a^2 + b^2 - 4ab \cdot cos^2\alpha + 2ab$

$= a^2 + 2ab + b^2 - 4ab \cdot cos^2\alpha$

(*)′: $c^2 = (a + b)^2 - 4ab \cdot cos^2\alpha$

Zudem ergibt sich durch Umstellen von (**) nach $cos\alpha$:

$(**)$: $a^2 = b^2 + c^2 - 2bc \cdot cos\alpha$

$2bc \cdot cos\alpha = b^2 + c^2 - a^2$

$(**)'$: $cos\alpha = \dfrac{b^2 + c^2 - a^2}{2bc}$

Wird $(**)'$ in $(*)'$ eingesetzt, erhält man:

$(**)'$: $c^2 = (a + b)^2 - 4ab \cdot cos^2\alpha$

$= (a + b)^2 - 4ab \cdot \left(\dfrac{b^2 + c^2 - a^2}{2bc}\right)^2$

Wie Heinrich (2004: 215) bereits anmerkt, kommen in dieser Gleichung nur Variablen vor, welche auch in der Zielgleichung $c^2 = a^2 \cdot (a + b)$ enthalten sind. Durch Äquivalenzumformungen, die an dieser Stelle nicht weiter ausgeführt werden, erhält man schließlich die zu beweisende Zielgleichung.

Weitere Lösungsmöglichkeiten:

Weitere Beweise sollen an dieser Stelle nur kurz angerissen werden.

Ein weiterer Nachweis lässt sich über die Verknüpfung bestimmter trigonometrischer Gesetzmäßigkeiten mit der Zielgleichung führen. Durch die Anwendung des Sinussatzes sowie entsprechenden Umformungen und Ersetzungen, durch die Funktion des doppelten und dreifachen Winkels, erhält man die Gleichung $cos^2\alpha = 1 - sin^2\alpha$. Bei diesem Ausdruck handelt es sich um den trigonometrischen Pythagoras. Da es sich dabei um eine wahre mathematische Aussage handelt, ist der Nachweis somit erbracht (vgl. Heinrich 2004: 214).

Außerdem kann man zu einer weiteren Lösung des Problems über eine geometrische Interpretation der Zielgleichung durch einen Zerlegungsbeweis gelangen. Dabei ist zu zeigen, dass ein Quadrat mit der Seitenlänge c flächengleich mit einem Rechteck mit der Seitenlänge a und $(a + b)$ ist.

4.3 ZUR AUSWAHL DER VERSUCHSPERSONEN

Zum Zeitpunkt der Datenerhebung handelt es sich bei den fünf Probanden der Vorstudie um zwei Schüler und drei Schülerinnen aus der Sekundarstufe II. Die Versuchspersonen sind während der Durchführung der Studie Oberstufenschüler der 11. und 12. Klasse gewesen, die im Zuge des doppelten Abiturjahrgangs in Niedersachsen denselben Unterricht besuchten. Das Alter war aus verschiedenen Gründen von zentraler Bedeutung: Aufgrund entwicklungspsychologischer Befunde ist davon auszugehen, dass sich ältere Schülerinnen und Schüler angemessener reflektierend zu ihren Handlungsgeschehen äußern können und bestimmte Vorerfahrungen auf dem Gebiet des Problemlösens vorhanden sind. Darüber hinaus kann die Bekanntheit der Mittel zur Lösung des Problems vorausgesetzt werden, da die geometrischen Grundlagen bereits in der Sekundarstufe I vermittelt werden sollten. Ersteres war insbesondere von Bedeutung, da die Probanden während des Problembearbeitungsprozesses zum *lauten Denken* angeleitet wurden, um eine Beurteilung der Vorgehensweisen während der Lösungssuche bei der Datenauswertung zu erleichtern.

Neben dem Alter der Probanden und der Fähigkeit ihre mathematischen Handlungen verbalisieren zu können, spielte auch ihre Leistungsfähigkeit im Bereich Mathematik eine entscheidende Rolle bei der Wahl der Versuchspersonen. Mit diesem Kriterium war die Erwartung verbunden, dass diese Schülergruppe qualitativ und quantitativ verwertbarere Daten liefern würden. Gemäß des Urteils des Mathematiklehrers wurden von diesem geeignete Probanden vorgeschlagen (Kriterium: sehr gute bis gute Leistungen im Fach Mathematik). Zudem war es für die Analyse von Bedeutung, dass die Versuchspersonen in puncto Heuristik explizit untrainiert waren.

Die Probanden wurden extrinsisch motiviert, indem sie jeweils eine Aufwandsentschädigung von 50 € für ihre Bemühungen erhielten.

Aufgrund der o.g. Auswahlkriterien handelt es sich bei den Probanden um eine sehr spezielle Versuchspopulation.

4.4 ZUR ERHEBUNG DER DATEN

Rohmaterialien der empirischen Erkundungsstudie sind die unter Kapitel 5 erwähnten Video- und Audiozeichnungen der Versuchspersonen zu jeweils fünf Problembearbeitungssitzungen.

Im Zuge der Datenerhebung bearbeiteten die fünf Probanden im Zeitraum zwischen dem 01.02.2010 bis zum 17.03.2010 fünf Probleme, zu denen das vorgestellte „Dreiecks-Winkel-Problem" gehört. In Einzelsitzungen wurden in einem Abstand von ca. einer Woche die Problembearbeitungssitzungen durchgeführt, wobei pro Sitzung ein Problem bearbeitet wurde. Für jedes Problem stand den Versuchspersonen eine Bearbeitungszeit von einer Zeitstunde (60 Minuten) zur Verfügung, welche im Zuge späterer Untersuchungen von Juskowiak (2014) beibehalten wurde. Die Sitzungen konnten jeder Zeit durch die Versuchspersonen beendet werden. Mit diesem Zeitrahmen war die Annahme verbunden, dass die

Probanden verschiedenen Lösungsansätzen nachgehen können und somit quantitativ verwertbarere Materialien geliefert werden würden, ohne dass die Versuchspersonen durch vermeintlichen Zeitdruck beeinflusst werden würden.

Die Aufnahmen fanden im „Medienlabor" des Institutes für Didaktik der Mathematik und Elementarmathematik der Technischen Universität Braunschweig statt (vgl. Abb. 18). Dieser Raum ist mit einem Schreibtisch, über dem eine Kamera mit Mikrophon angebracht ist, ausgestattet. An diesem Platz führten die Versuchspersonen die Problembearbeitungen durch. Zudem befinden sich im Medienlabor ein Computer sowie ein Fernseher.

Abbildung 18: Versuchsperson bei der Bearbeitung im Medienlabor (vgl. Juskowiak 2014)

Zu Beginn der Sitzungen erhielten die Probanden Instruktionen durch die Versuchsleitung (vgl. Abb. 19). Fragen konnten nicht gestellt werden, um eine mögliche Verfälschung der individuellen Bearbeitung zu vermeiden.

Instruktionen zur Videoaufzeichnung

Bitte versuchen Sie, das Ihnen vorgelegte mathematische Problem „auf natürliche Weise" zu lösen.

Sie haben dazu 60 Minuten Zeit.

Sprechen Sie dabei bitte zu Ihren Lösungsbemühungen und Überlegungen.

Nehmen Sie beim Bearbeiten des Problems möglichst den Kopf nicht zu weit nach vorne.

Sie können bei Bedarf einen nicht programmierbaren Taschenrechner und eine Formelsammlung verwenden.

Abbildung 19: Instruktionen an die Versuchspersonen vor der Videoaufzeichnung

Um die Qualität und Lesbarkeit der schriftlichen Aufzeichnungen zu gewährleisten, wurden die Probanden zusätzlich darum gebeten, diese mit Filzstift zu verfassen.

Nachdem die Versuchspersonen die Instruktionen erhalten hatten, waren sie bei den Problembearbeitungen alleine im Medienlabor und wurden bei der Bearbeitung der Probleme videographiert. Auf dem Bildmaterial der Videoaufzeichnungen sind lediglich die schriftlichen Aufzeichnungen der Versuchsperson zu erkennen (vgl. Abb. 20). Mimik- und Gestik der Versuchspersonen wurden von der Kamera nicht aufgezeichnet, lediglich Hand- und Armbewegungen sind sichtbar.

Abbildung 20: Schriftliche Aufzeichnungen einer Versuchsperson (vgl. Juskowiak 2014)[30]

Als Hilfsmittel wurden den Probanden eine Formelsammlung, ein elektronischer nicht vorprogrammierter Taschenrechner, sowie Schreibzeug, ein Lineal, ein Zirkel und Geometrie-Dreieck bereitgelegt. Zusätzlich standen den Versuchspersonen mehrere Problemstellungen auf DIN-A-3 bedrucktem Papierformat zur Verfügung. Diese Hilfsmittel wurden mit der Auswahl der Probleme begründet, welche ausschließlich aus dem Themenbereich der Geometrie stammten.

Zur Erhebung der Daten wurde neben den schriftlichen Aufzeichnungen, mit der „Methode des lauten Denkens" (vgl. Duncker 1935) gearbeitet. „Lautes Denken" bedeutet *„die lautsprachige, nicht kommunikative Äußerung von Denkinhalten während des Aufgabenlösens. Elemente der inneren Sprache, die bei den Mechanismen der Informationsaufnahme und Informationsverarbeitung immer beteiligt ist, werden beim Verbalisieren vokalisiert."* (Radatz 1980: 66). Diese Untersuchungsmethode bietet sich an, um die Denkvorgänge der Probanden beim Problemlösen besser analysieren zu können.

---

[30] Dieses Problem gehörte zu den in Kapitel 4 angesprochenen fünf Problemen.

Ferner eignet sich diese Methode als methodische Möglichkeit, um Fehleranalysen beim Problembearbeiten durchzuführen und mögliche Fehlerursachen untersuchen zu können (vgl. Radatz 1980: 64f.). Zusätzlich war mit dieser Methode die Erwartung verbunden, unser Wissen über die Fehlererkennung der Problembearbeiter zu vergrößern. Daher wurden die Probanden während des Problembearbeitungsprozesses dazu angehalten, ihre Gedankengänge in Bezug auf Einfall und Motive zu ihrem Vorgehen zu verbalisieren.

Obwohl es sich beim Verbalisieren um eine anerkannte Forschungsmethode handelt, um Denkprozesse beim Problembearbeiten zu untersuchen, bleiben die beeinflussenden Faktoren umstritten, welche diese Art zur Erfassung von Denkprozessen mit sich ziehen, da mögliche Verfälschungen des Prozesses nicht ausgeschlossen werden können (vgl. Heinrich 2004: 172f.). In Bezug auf die sprachliche Kompetenz der Schüler sind individuelle Fähigkeitsunterschiede zu berücksichtigen, welche auf die Fehleranalyse Einfluss nehmen. Zudem geben Nisbett & Wilson (1977) zu bedenken, dass die Problembearbeiter häufig über Denkprodukte und nicht über Elemente des Denkprozesses nachdenken und sprechen. Clauß (1977: 149) weist daraufhin, dass es Individuen gibt, die vom Verbalisieren profitieren, aber auch andere, die durch das laute Denken eher behindert werden. Allerdings werden diese Einflussfaktoren als minimal und vertretbar angesehen (vgl. Juskowiak 2014). Durch die Methode des Verbalisierens stand zur Auswertung der Videoaufzeichnungen neben dem Bildmaterial auch Tonmaterial zur Verfügung.

Mey & Mruck (2010: 476) benennen drei Arten des Verbalisierens, welche sich hinsichtlich des Zeitpunkts des lauten Denkens unterscheiden:

1. die *Introspektion*, welche sich im realem Handlungsvollzug äußert
2. die *unmittelbare Retrospektion*, welche direkt nach der Introspektion erfolgt
3. die *verzögerte Retrospektion*, welche nach größerem zeitlichen Abstand durchgeführt wird

Im Rahmen dieser Datenerhebung wurde von der Introspektion und unmittelbaren Retrospektion Gebrauch gemacht. Denn neben den Videoaufzeichnungen, in denen die Introspektion erfolgte, wurde zusätzlich die sogenannte „Audioreflexion" (vgl. Heinrich 2004: 176) durchgeführt. Diese Methode ist in ihrer grundsätzlichen Ausrichtung auch als „stimulated recall" bekannt (vgl. Wagner et al. 1977). Jede Versuchsperson wurde im unmittelbaren Anschluss an die Problembearbeitung zu einer Retrospektion angeleitet. Damit war die Annahme verbunden, dass eine Reaktivierung der kognitiven Vorgänge erfolgt, um zu klären, ob ein Zuwachs bzgl. des Erkennens von Fehlern durch die retrospektive Auseinandersetzung festzustellen ist. Ferner bestand die Erwartung, Hinweise für die Umsetzbarkeit von Lernen aus eigenen Fehlern durch den Umgang mit Fehlern zu erhalten. Bei dieser Audioreflexion saßen die Probanden vor dem Fernseher im Medienlabor, auf dem sie ihren Problembearbeitungsprozess verfolgten. Zudem wurden sie dazu angeleitet, sich verbal zu ihrem Vorgehen äußern (Abb. 21).

Abbildung 21: Versuchsperson bei der Audioreflexion (vgl. Juskowiak 2014)

Auch bei dieser Sitzung erhielten die Versuchspersonen vorab genaue Instruktionen (vgl. Abb. 22) durch den Versuchsleiter.

Instruktion zur Audioaufzeichnung

Sie betrachten den Videomitschnitt Ihrer Problemlösebemühungen. Sobald die Videoaufzeichnung beginnt, sprechen Sie bitte deutlich die Worte „Beginn der Audioreflexion".

Kommentieren Sie sodann Ihr Lösungsvorgehen.

Formulieren Sie Ihre Gedanken, die Ihnen beim Betrachten der Aufzeichnungen kommen.

Abbildung 22: Instruktionen an die Versuchsperson vor der Audioaufzeichnung

4.5 ZUR WEITERVERARBEITUNG DER DATEN

Die Weiterverarbeitung der Daten aus den Video- und Audioaufzeichnungen erfolgte zunächst durch studentische Hilfskräfte am Institut für Didaktik der Mathematik und Elementarmathematik. Die Transkription der Video- und Audioaufzeichnungen geschah in Anlehnung an Untersuchungen von Heinrich (2004: 199f.). Die transkribierenden Personen wurden dazu angeleitet, „*linguistische, paralinguistische und nonverbale Teile des Problemlöse- und Interaktionsgeschehens*" aufzuzeichnen (ebenda).[31] Insbesondere durch die Aufzeichnung von paralinguistischen und nonverbalen Ausdrücken der Versuchspersonen, welche von den transkribierenden Personen subjektiv ausgewählt wurden, erfolgte eine Reduktion der Komplexität der erhobenen Daten. Dadurch handelt es sich bei den Transkripten um neue Modelle des realen Vorgangs des Problembearbeitungsprozesses und sie stellen somit interpretierte Wirklichkeit dar (vgl. Maier 1991).

Die linguistischen Aspekte, welche in die Transkripte aufgenommen wurden, sind die hörbar und verständlich gesprochenen Äußerungen der Versuchspersonen. Sprachliche Äußerungen, die für die transkribierende Person nicht verständlich waren, wurden mit entsprechenden Hinweisen („…") versehen (vgl. Abb. 23). Mit den paralinguistischen Ausdrücken sind die sprachlichen Signale gemeint, welche eigentlich keine Informationen enthalten. Dazu zählen Sprechpausen, Intonation (Betonungen, Hebungen, Senkungen etc.), Sprachrhythmus (Tempo, Zögern, etc.), Verzögerungslaute (ähm oder äh), sowie Interjektionen (ach, oh oder ups) (vgl. Abb. 23). Besondere Auffälligkeiten der Intonation wurden durch das Unterstreichen der Äußerungen hervorgehoben. Sprechpausen wurden durch Schrägstriche (/, //, ///, usw.) kenntlich gemacht, wobei ein Schrägstrich eine Pause von etwa fünf Sekunden umfasst. Nonverbale Signale wurden nur in den Transkripten berücksichtigt, sofern sie für den Problemlöseprozess relevant waren. Dazu zählen zum Beispiel der Rückgriff auf heuristische Hilfsmittel oder das Aufschreiben von Notizen. Die nonverbalen Signale wurden in eckigen Klammern […] im Transkript festgehalten (vgl. Abb. 23).

Zusätzlich wurde das transkribierte Problemlöse- und Interaktionsgeschehen in einen zeitlichen Kontext durch eine Zeitleiste eingeordnet. Dazu wurde in einer zusätzlichen Spalte, neben den sprachlichen und nonverbalen Äußerungen, eine Zeitleiste in der Kodierung [min:sec] eingefügt. Diese sollte vor allem längere Handlungs- und Sprechpausen seit Beginn des Problembearbeitungsprozesses kenntlich machen.

Da die Transkripte in erster Linie zur Erleichterung der Auswertung der Problembearbeitungsprozesse angefertigt wurden, wurden diese um eine weitere Spalte für Notizen durch den Auswerter ergänzt.

---

[31] Da zu den Audioreflexionen kein Videomaterial vorliegt, enthalten diese Transkripte keine nonverbalen Bemerkungen.

Zeitleiste	Problemlöse- und Interaktionsgeschehen	Notizen
0:41	Na erstmal die Seiten bezeichnen, um einen leichten Überblick zu bekommen. a, b, c. naja, was man aus der Formel heraus sehen kann ist ja, das … jetzt habe ich den Namen vergessen. Also, $a^2 + b^2 = c^2$. [schreibt die Formel hin] Und. / Naja. ///	Interjektion Linguistische Äußerungen Nonverbales Signal Sprechpause(n)
1:34	(…) hätte man ja nach. Wenn man das hier auflösen würde, hätten man ja ab, $a^2 + ab$. [schreibt die Gleichung hin] Warum da jetzt *ab* steht. ///////	◯ Nicht verstandene sprachliche Äußerung
2:30	[sieht in die Formelsammlung] Ja, die … wird ziemlich bedeutungslos sein, also, muss man uns mal kurz einen Überblick verschaffen. [putzt sich die Nase]	
5:18	Naja ist definitiv kein rechtwinkliges Dreieck. [blättert weiter in der Formelsammlung] Shit. Mh. /////////// /////////// /////////// ////	Verzögerungslaut
9:53	[legt die Formelsammlung auf das Blatt] /////////// /////////// //	
12:07	[blättert in der Formelsammlung] /////////// ///	
13:25	[blättert in der Formelsammlung] Mir fällt. (…) mal sagen, mir fällt echt nichts ein. [legt die Formelsammlung zur Seite] / das einzige was mir grad so aufgefallen ist, dass der Satz des Pythagoras eigentlich ja für rechtwinklige Dreiecke angewandt werden kann. … [blättert in die Formelsammlung] Rechtwinklige Dreiecke. //////	
15:20	Mh, hier ein (…) [zeichnet ein Quadrat an die Seite a] dann hier eins. [zeichnet ein Rechteck an die Seite c] Richtig? Und hier. [zeichnet ein Rechteck an die Seite b] //////// [blättert in der Formelsammlung] [zieht die zur Seite c parallele Seite ein paar mal mit dem Stift nach] //////	

Abbildung 23:Ausschnitt aus dem Videotranskript der Versuchsperson 5

4.6 ZUR AUSWERTUNG DER DATEN

Nach Abschluss der Transkribierung der Video- und Audiodokumente zu den Problembearbeitungsprozessen konnte die Datenauswertung und Interpretation der Ergebnisse erfolgen. Die Transkripte ermöglichen eine genaue und multiperspektive Analyse der *„gedeuteten Wirklichkeit"*. Denn wie in Kapitel 4.5 bereits bemerkt wurde, ist es dem Forscher unmöglich, die *„ursprüngliche Wirklichkeit"* zu erfassen. Daher handelt es sich bei Transkripten bereits um eine *„interpretierte Wirklichkeit"* (vgl. Maier 1991).

Bei dieser Untersuchung wurden, im Sinne einer interpretativen Forschung, mit den aus der Transkriptanalyse gewonnenen Deutungen von Schülerhandlungen und -äußerungen, Aussagen über Fehlerarten, Fehlerursachen und den Umgang mit Fehlern in der Introspektion und Retrospektion gemacht, welche auf der wissenschaftlichen Fragestellung basieren (vgl. Kap. 3).

Als Auswertungsmethode erschien der Versuchsleitung die *konsensuelle Validierung* (vgl. Maier 1991) geeignet, um insbesondere die subjektiven Anteile der Deutung zu minimieren und so die Validität der Untersuchung weitestgehend zu gewährleisten (vgl. Juskowiak 2014).[32] Die Methode der konsensuellen Validierung ist ein wissenschaftliches Verfahren zur Deutung interaktiver Texte, welches der Erzeugung theorierelevanter Daten dient. Um die subjektiven Annahmen der einzelnen Interpreten zu bekräftigen, fand die Analyse der Materialien und Dokumente in kleinen Expertenteams[33] statt. Bei der konsensuellen Validierung geht es also darum, subjektive Sichtweisen der Interpreten in einem konstruktiven Dialog zu erhärten (vgl. Heinrich 2004: 202). Die Auswertung erfolgte dann in mehreren Bearbeitungsstufen durch ein Expertenteam (vgl. Abb. 24). Zunächst wurde der Problembearbeitungsprozess der Versuchspersonen nachgezeichnet. Dabei wurde in Anlehnung an Untersuchungen von Heinrich (2004: 203f.) der Problembearbeitungsprozess in größere Episoden zerlegt:

1. *Analyseprozesse:* Auseinandersetzung mit dem Problem/der Problemstellung
2. *Veränderungsprozesse:* Lösungsideen werden erkennbar eingebracht und zumeist fortentwickelt (sogenannte „Lösungsanläufe").
3. *Prüf- bzw. Kontrollprozesse*: Überprüfung getroffener Annahmen und bisheriger Arbeitsergebnisse.

Anschließend wurden die verschiedenen Lösungsanläufe beschrieben und nummeriert, wobei sich wiederholende und weitergeführte Anläufe Folgenummern erhielten (z.B. LA„1.2"). Als Lösungsanläufe wurden weiterentwickelte Lösungsansätze (Lösungsideen) verstanden, welche zumeist mit schriftlichen Aufzeichnungen der Versuchsperson einhergehen. Als Datengrundlage dienten dazu, neben der Videoaufzeichnung und dem Videotranskript, die schriftlichen Aufzeichnungen der Versuchsperson. Anschließend wurde in einem weiteren Bearbeitungsschritt lösungsrelevante[34] Fehler identifiziert, charakterisiert und im Problembearbeitungsprozess lokalisiert. Bei der Charakterisierung wurde mit dem unter Kapitel 2.4.2

---

[32] Der Interrater-Reliabilität (Grad der Übereinstimmung zwischen Beobachtern zu einem Sachverhalt, vgl. Amelang & Bartussek 2006) wurde in dieser Untersuchung ansatzweise Rechnung getragen. Bei den Ergebnissen gab es zwischen Heinrich und Lüddecke eine Übereinstimmung von mindestens 75 %.

[33] Dazu zählten M. Ed. Isabell Schicke, M. Ed. Kim-Alena Nordmann und Prof. Dr. Frank Heinrich.

[34] Also solche, welche Auswirkungen auf die Lösungsfindung haben.

aufgestellten Kategoriesystem von (Strategie-) Fehlerarten gearbeitet und das System um neue Kategorien erweitert, sofern ein Fehler in keine dieser Kategorien einzuordnen war.

Bei den Problembearbeitungen handelt es sich um komplexe Prozesse, in denen verschiedene Lösungsideen bzw. Lösungsansätze von den Problembearbeitern verfolgt werden. Daher können die dort auftretenden Fehler verschiedene Ausprägungen (damit ist die Gewichtung des Fehlers hinsichtlich der Lokalisierung im Problembearbeitungsprozess gemeint) aufweisen. In der Untersuchung wurde daher zwischen *lokalen* und *globalen Defiziten* unterschieden. Als lokale Defizite bezeichnet man diejenigen, welche sich auf einzelne Lösungsansäte oder zeitlich eher kürzere Abschnitte der Lösungssuche beschränken, während sich globale Defizite durch den ganzen Problembearbeitungsprozess oder über mehrere Lösungsansätze hinweg ziehen. Abschließend wurden in der Datenauswertung Situationen der Introspektion und Retrospektion identifiziert und charakterisiert, in denen sich die Probanden mit (möglichen) Fehlern befassen. Dieser eigenständige Umgang der Probanden mit den Fehlern wurde aus Expertensicht folgendermaßen codiert (vgl. Lüddecke 2013):

E: Erkennen des Fehlers.

Der Lernende wird auf Fehlerhaftes aufmerksam.

Was ist falsch/unzweckmäßig/ungeeignet?

A: Analysieren des Fehlers.

Die produzierten Ergebnisse werden bewusst analysiert, um Fehlerhaftes aufzudecken.

Warum ist etwas falsch/unzweckmäßig/ungeeignet?

K: Korrigieren des Fehlers.

Der Fehler wird korrigiert. Entweder wird auf dem gleichen Weg weitergemacht (K_G) oder es wird alternativ ein anderer Weg eingeschlagen (K_A).

Weitere Ausprägungen für **E, A** und **K** sind:

U - unvollständig

U* - fehlerhaft

V - vollständig

Die beschriebene Methodologie soll im folgenden Überblicksartig zusammengefasst werden:

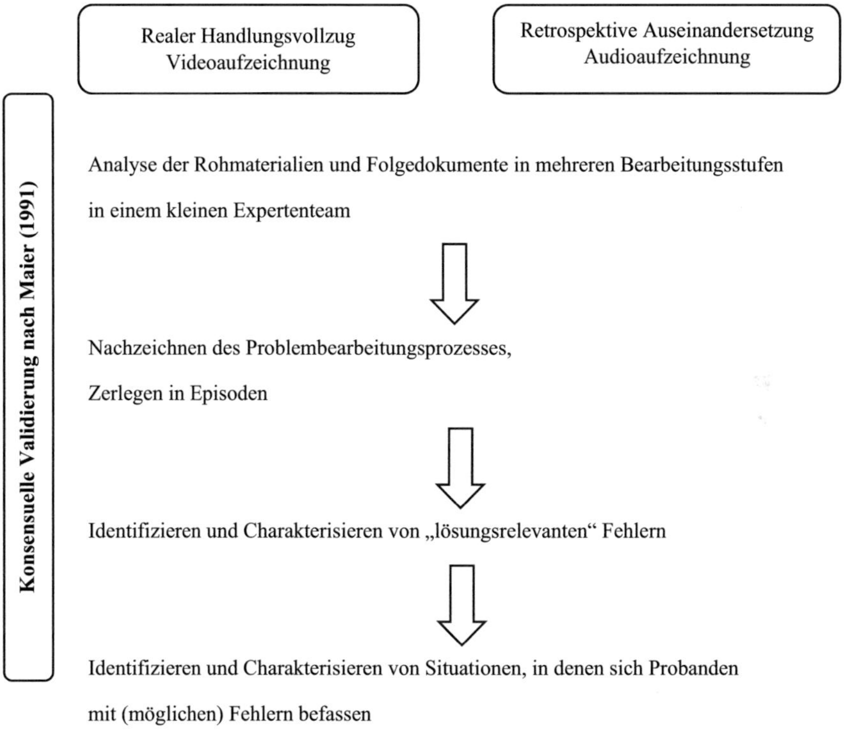

Realer Handlungsvollzug
Videoaufzeichnung

Retrospektive Auseinandersetzung
Audioaufzeichnung

Analyse der Rohmaterialien und Folgedokumente in mehreren Bearbeitungsstufen

in einem kleinen Expertenteam

Nachzeichnen des Problembearbeitungsprozesses,

Zerlegen in Episoden

Identifizieren und Charakterisieren von „lösungsrelevanten" Fehlern

Identifizieren und Charakterisieren von Situationen, in denen sich Probanden

mit (möglichen) Fehlern befassen

Konsensuelle Validierung nach Maier (1991)

Abbildung 24: Auswertung der Rohdokumente (vgl. Heinrich 2013a)

Alle in dieser Arbeit genutzten Video- und Audioaufzeichnungen der einzelnen Versuchspersonen befinden sich zusammen mit den dazugehörigen Transkripten und den von den Versuchspersonen beschriebenen Aufgabenblättern im Anhang dieses Buches (vgl. I., Anlage 1-15)[35].

---

[35] Der Zugriff auf die Video- und Audiodateien der einzelnen Versuchspersonen ist nach Rücksprache mit der Autorin möglich.

5. ANALYSE DER PROBLEMBEARBEITUNGSPROZESSE

In der vorliegenden Untersuchung werden zunächst die einzelnen Lösungsanläufe der Versuchspersonen mithilfe eines Stufendiagramms dargestellt, um dem Leser eine gewisse Strukturierung zu geben und das Verständnis zu erleichtern. In den weiteren Ausführungen werden die verschiedenen Lösungsideen und Lösungsansätze beschrieben und mithilfe der schriftlichen Aufzeichnungen und lautsprachlichen Äußerungen der Versuchsperson der Video- und Audioaufzeichnungen unterlegt. Während der Beschreibung des Problembearbeitungsprozesses werden identifizierte Fehler(arten) im Problembearbeitungsprozess erklärt und wenn möglich einer entsprechenden Fehlerkategorie zugeordnet (vgl. Kap. 2.4.2), sowie mögliche Fehlerursachen thematisiert. Darüber hinaus werden die Phasen des Problembearbeitungsprozesses deutlich gemacht, in denen die Probanden (mögliche) Fehler erkennen und sich mit ihnen auseinandersetzen.

Dann werden die ausgewerteten Fehler in einer Tabelle überblicksartig zusammengefasst (vgl. Abb. 25). In dieser Tabelle werden die identifizierten Fehler nach Fehlerart (Wissens- Fertigkeits- und Strategiefehler), Reichweite des Defizites (lokal, global) und bezüglich des Umgangs mit diesen durch den Problembearbeiter im realen Handlungsvollzug und der Audioreflexion (erkennen, analysieren, korrigieren) differenziert aufgeführt. Zudem werden die Lösungsansätze und Fehler in Form einer schematischen Darstellung im Problembearbeitungsprozess lokalisiert (vgl. Abb. 26). Abschließend folgen die, von der Autorin strukturierten, Aufzeichnungen[36] der Versuchsperson, in denen die einzelnen Lösungsansätze farblich kenntlich gemacht sind.

Fehlerbeschreibung	Fehlerart nach Geering	Reichweite des Defizites		
			Video	Audio
Springen an der Oberfläche	SF_1	Global	-	E^V

Abbildung 25: Identifizierte Fehler im Problembearbeitungsprozess

Lösungsansatz$_1$	WF_1 FF_1				
Lösungsansatz$_{2.1}$		SF_1 SF_2			Zeit
Lösungsansatz$_3$			WF_2 SF_1 SF_4		

Abbildung 26: Lokalisierung der Fehler in einer schematischen Darstellung eines exemplarischen Problembearbeitungsprozesses

---

[36] In den weiteren Ausführungen werden diese als „strukturierte Aufzeichnungen" bezeichnet.

5.1 Versuchsperson 1

```
┌─────────────────────────────────────────────┐
│         Lösungsansatz_{1.2}:                  │
│   Innenwinkelsumme im Ausgangsdreieck ABC     │
└─────────────────────────────────────────────┘
                      ▼
┌─────────────────────────────────────────────┐
│         Lösungsansatz_2:                      │
│  Rechtwinklige Teildreiecke durch Einzeichnen der Höhe h_c │
└─────────────────────────────────────────────┘
                      ▼
┌─────────────────────────────────────────────┐
│         Lösungsansatz_{1.2}:                  │
│   Innenwinkelsumme in den Teildreiecken       │
└─────────────────────────────────────────────┘
                      ▼
┌─────────────────────────────────────────────┐
│         Lösungssansatz_3:                     │
│              Vektoren                         │
└─────────────────────────────────────────────┘
                      ▼
┌─────────────────────────────────────────────┐
│         Lösungsansatz_4:                      │
│   Transversalen im Ausgangsdreieck ABC        │
└─────────────────────────────────────────────┘
                      ▼
┌─────────────────────────────────────────────┐
│         Lösungsansatz_5:                      │
│   Visualisierung der Problemstellung          │
└─────────────────────────────────────────────┘
                      ▼
┌─────────────────────────────────────────────┐
│         Lösungsansatz_{6.1}:                  │
│              Sinussatz                        │
└─────────────────────────────────────────────┘
                      ▼
┌─────────────────────────────────────────────┐
│         Lösungsansatz_{6.2}:                  │
│   Einsetzen des Sinussatzes in die Zielgleichung │
└─────────────────────────────────────────────┘
```

Abbildung 27: Stufendiagramm des Problembearbeitungsprozesses der VP1

5.1.1 Beschreibung des Problembearbeitungsprozesses der Versuchsperson[37]

Am Anfang des Problembearbeitungsprozesses analysiert die Versuchsperson die Problemstellung, beschriftet die Seiten des Ausgangsdreiecks ABC und interpretiert die Voraussetzung $\gamma = 2\alpha$: *„Der Winkel [zeigt auf γ] ist doppelt so groß wie der [zeigt auf α]"* (VS-VP1 - S5 Video [01.30]). Diese

$$180° = \beta + \gamma + \alpha$$
$$180° = \beta + 3\alpha$$
$$180° - 3\alpha = \beta$$
$$180° - \frac{3}{2}\gamma = \beta$$

Abbildung 28

---

[37] Abkürzungen, welche in den folgenden Beschreibungen vorgenommen werden:
LA= Lösungsanlauf, VP=Versuchsperson, WF=Wissensfehler, SF=Strategiefehler, FF=Fertigkeitsfehler.

Bemerkung führt sie zu ihrem ersten Lösungsansatz (LA$_{1.1}$), die Winkelgrößen des Ausgangsdreiecks ABC durch die Innenwinkelsumme im Dreieck zu bestimmen. Dabei berechnet sie die Winkelgröße des Winkels β in Abhängigkeit von α bzw. γ (vgl. Abb. 28). Mit den Worten „*So hilft mir das weiter? Nicht richtig.*" (VS-VP1 - S5 Video [04.04]) bricht sie diesen Lösungsansatz$_{1.1}$ ab und wendet sich wieder der Lösungssuche zu.

Nach kurzem Überlegen hat der Proband die Idee, durch das Einzeichnen der Höhe h$_c$ in das Ausgangsdreieck, rechtwinklige Teildreiecke zu erzeugen, um Seitenbeziehungen durch die Anwendung des Satzes des Pythagoras herzustellen (LA$_2$). Dazu zeichnet die Versuchsperson das Ausgangsdreieck exakt ab und zeichnet in dieses die Höhe h$_c$ ein, welche sie mit d bezeichnet. Anschließend wendet sie den Satz des Pythagoras in den entstandenen rechtwinkligen Teildreiecken an (vgl. Abb. 29). Dabei zeigt die Versuchsperson erste Unsicherheiten in Bezug auf grundlegendes Wissen über den Satz des Pythagoras: „*Wie rum war jetzt der Satz des Pythagoras?* $a^2 + b^2 = c^2$. *Lieber einmal mehr nachgucken.*" (VS-VP1 - S5 Video [07.08]), was sie dazu veranlasst, diesen in der Formelsammlung nachzuschlagen.

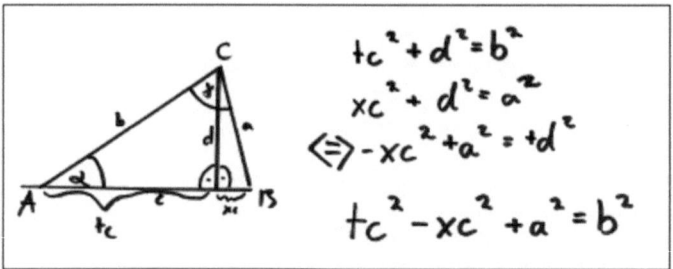

Abbildung 29: Aufzeichnungen zum Lösungsansatz$_{2.1}$

Nachdem die Versuchsperson den Satz des Pythagoras in den beiden Teildreiecken angewendet hat (I. & II.), stellt sie eine Gleichung (II.) nach d² ($d = Höhe\ h_c$) um und setzt diese in die andere Gleichung (I.) für d² ein:

I. $\qquad tc^2 + d^2 = b^2$

II. $\qquad xc^2 + d^2 = a^2$

II.' $\quad \Leftrightarrow -xc^2 + a^2 = d^2$

III. $\qquad tc^2 - xc + a^2 = b^2$

Mit der Bemerkung „*Was macht man als Nächstes?*" (VS-VP1 - S5 Video [11.47]) wendet sich der Proband wieder seiner Idee mit den Winkelgrößen zu, indem er die Winkelbeziehungen in den entstandenen Teildreiecken mithilfe der Innenwinkelsumme im Dreieck ermittelt (LA$_{1.2}$). Bei dem Versuch, die Winkelgleichungen zu vereinfachen, begeht der Proband einen

Fertigkeitsfehler (vgl. Abb. 30). Bei einer **Termumformung** fasst die Versuchsperson zwei nicht identische Terme zusammen: $90° = \alpha + 2t\alpha \neq 90° = 3\alpha$ (FF$_1$). Dieser Fehler wird von der Versuchsperson während der Lösungssuche nicht entdeckt, hat aber auf den weiteren Problembearbeitungsprozess nur geringen Einfluss, weil die Versuchsperson im weiteren Verlauf einem anderen Lösungsweg nachgeht.

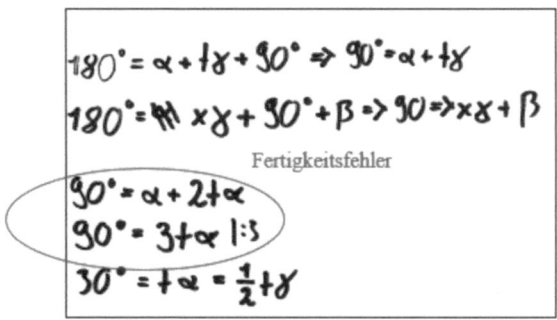

Abbildung 30: Aufzeichnungen zum Lösungsansatz$_{1,2}$

Im folgenden Lösungsansatz versucht die Versuchsperson mit Vektoren zu arbeiten, indem sie das Ausgangsdreieck erneut abzeichnet und die Seiten als Vektoren beschreibt (vgl. Abb. 31). Anschließend stellt sie die Vektorengleichung $-\vec{a} + \vec{b} = \vec{c}$ auf (LA$_3$). Diese streicht sie jedoch sofort wieder mit den Worten *„Das kann doch nicht stimmen"* (VS-VP1 - S5 Video [18.40]) durch und wendet sich wieder der Lösungssuche zu: *„Welchen Weg verfolge ich weiter?"* (VS-VP1 - S5 Video [18.50]). In der Audioreflexion begründet sie den Abbruch dieses Ansatzes damit, dass in der Problemstellung Winkelzusammenhänge angegeben waren, aber bei Vektoren fast nie Winkel auftreten (vgl. VS-VP1-S5 Audio [19.01]).

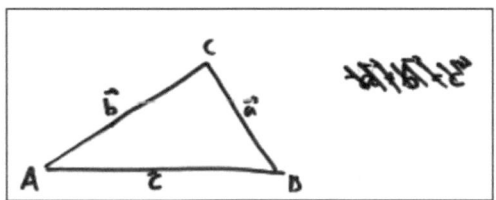

Abbildung 31: Aufzeichnungen zum Lösungsansatz$_3$

In einem weiteren Lösungsansatz ergänzt die Versuchsperson das Ausgangsdreieck ABC, durch eine Spiegelung an der Seite b, zu einem Parallelogramm (LA$_4$). Im weiteren Verlauf zeichnet sie in das Ausgangsdreieck ABC die Seitenhalbierende der Seite c und die Winkelhalbierende des Winkels α ein (vgl. Abb. 33). Anschließend sucht der Proband in der Formelsammlung nach Formeln, welche ihm bei der Lösungsfindung behilflich sein könnten:

„Welche Formeln könnten mir noch weiterhelfen?"(VS-VP1-S5 Video [23.26]) und zeichnet die Diagonale von B zu D in das Parallelogramm ABCD ein. Als strategisch defizitär lässt sich an dieser Stelle analysieren, dass **„die Lösungsbedingung nicht angemessen in den Lösungsanlauf einbezogen wird"** (SF_1). Dieser Strategiefehler entspricht der gleichnamigen Kategorie 2 von Heinrich (2010) (vgl. Kap. 2.4.2). Obwohl es naheliegend gewesen wäre, die Winkelhalbierende des Winkels γ, wie es die Lösungsbedingung $γ = 2α$ vorgibt, einzuzeichnen, wird von der Versuchsperson stattdessen die Seitenhalbierende der Seite c in der Zeichnung veranschaulicht. Die zur Lösung notwendige Bedingung $γ = 2α$ wird in diesem Ansatz nicht weiter berücksichtigt. Dieses Verhalten wirkt sich dahingehend als defizitär aus, weil in diesem Kontext die Lösung über die Erzeugung von ähnlichen Dreiecken naheliegend gewesen wäre (vgl. Kap. 4.2). Mit diesem $Strategiefehler_1$ geht daher auch der $Strategiefehler_2$ **„Eigenschaften eines Lösungsansatzes werden von der Versuchsperson nur unzureichend ausgeschöpft"** einher, weil die Idee, eine Lösung über die Transversalen im Dreieck zu finden, nur in oberflächlicher Betrachtung verbleibt und lediglich unter einem Gesichtspunkt behandelt wird, wenngleich eine Betrachtung der Winkelhalbierenden des Winkels γ, wie es der $Strategiefehler_1$ verdeutlicht, angebracht gewesen wäre. Da die Versuchsperson verschiedene Lösungsansätze während der Lösungssuche verfolgt und sich diese Strategiefehler lediglich auf den $Lösungsansatz_4$ beziehen, werden sie als eher lokal wirkend beurteilt. Der $Strategiefehler_2$ lässt sich in den Typisierungen von Heinrich (2010) aufgrund der ausbleibenden Betrachtung der Winkelhalbierenden des Winkels γ, der ebenso benannten Strategiefehlerart 3 „Eigenschaften eines Lösungsansatzes werden nicht oder nur unzureichend ausgeschöpft" zuordnen (vgl. Kap. 2.4.2). Von der Versuchsperson werden diese miteinander zusammenhängenden Fehler weder während der Problembearbeitung noch bei der Audioreflexion erkannt. Obwohl der Proband in der Audioaufzeichnung angibt, dass er versucht hat *„über die Winkelhalbierenden irgendwas zu machen, da die Winkel gegeben sind."* (VS-VP1-S5 Audio [22.04]), sieht er dabei nicht, dass er die Winkelhalbierende nicht für den Winkel γ in das Ausgangsdreieck eingezeichnet hat.

Ferner wird an dieser Stelle des Problembearbeitungsprozesses die **falsche Winkelbeschriftung** als lösungshinderlich gewertet, welche die Versuchsperson am gespiegelten Teildreieck vornimmt (WF_1). Verwunderlich ist an dieser Stelle, dass ihr die richtige Winkelgröße offenbar bewusst ist, was durch die Bemerkung *„Also das ist c und das a*

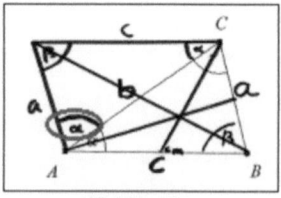

Abbildung 32

[benennt die Parallele zu c im Parallelogramm mit c und die Parallele zu a mit a] // D.h. das müsste γ sein und das α und das β." (VS-VP1 - S5 Video [24.04]) deutlich wird. Denn

obwohl die Versuchsperson die Winkel mündlich richtig bezeichnet, beschriftet sie die Winkel dennoch fehlerhaft (vgl. Abb. 32).

Im weiteren Verlauf fängt die Versuchsperson auf einem neuen Aufgabenblatt in einem neuen Lösungsansatz an, die Zielgleichung $c^2 = a \cdot ab$ aus der Problemstellung geometrisch zu interpretieren, indem sie die Terme a^2 und c^2 als Flächeninhalte eines Quadrates und den Term ab als Flächeninhalt eines Rechtecks in der Zeichnung des Ausgangsdreiecks veran-schaulicht (vgl. Abb. 33). Anschließend misst der Proband die Seitenlängen des Ausgangs-dreiecks ABC nach und hält die entsprechenden Werte in seinen Aufzeichnungen fest. Diese konkreten Werte werden dann von ihm in der Zielgleichung überprüft. Nachdem die Ver-suchsperson eine annähernde Übereinstimmung der Werte feststellt (38,44 ≈ 37,00), bewertet sie ihr Vorgehen mit den Worten: *„Das passt doch ungefähr. Mit speziellen Werten hätte ich es bewiesen. Jetzt könnte man noch irgendwo einen Messfehler entdecken."* (VS-VP1 – S5 Video [32.20]). Diese Aussage weist wieder auf den Strategiefehlerkategorie 2 **„Lösungssuche erfolgt nicht methodenbewusst"** von Heinrich (2010) hin (SF$_3$), da die Versuchsperson mit einer Strategie formal arbeitet, ohne zu wissen, was diese überhaupt zu leisten vermag (vgl. Kap. 2.4.2). Denn durch die Überprüfung mit konkreten Werten ist die Allgemeingültigkeit der Zielgleichung nicht bewiesen. Eine nahezu identische Aussage in der Audioreflexion macht deutlich, dass dieser Fehler von ihr nicht erkannt wird: *„Jetzt habe ich das ausgerechnet und so wollte ich dann versuchen das zu beweisen mit konkreten Werten."* (VS-VP1-S5 Audio [31.30]).

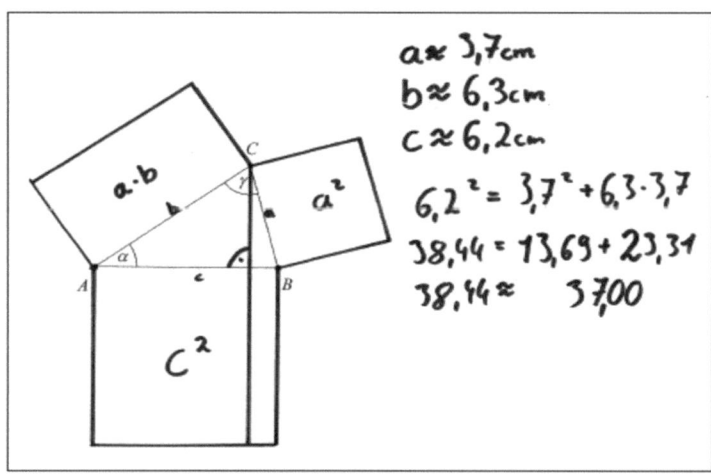

Abbildung 33: Aufzeichnungen zum Lösungsansatz

Im nachfolgenden Lösungsansatz$_{6.1}$ will die Versuchsperson die Winkel in ihre Lösungsbemühungen integrieren. Dazu sucht sie im externen Wissensspeicher nach einer angemessenen Formel: *„Wenn man einen Winkel rauskriegen will, dann muss man // Formelsammlung hilft, dass man sich an irgendwelche Sachen erinnert, die man vielleicht vergessen hat."* (VS-VP1-S5 Video [34:40]). In der Formelsammlung entdeckt sie daraufhin den Sinussatz $\frac{c}{sin\gamma} = \frac{a}{sin\alpha}$, welchen sie nach a umformt (vgl. Abb. 34). Nachdem sie durch Einsetzen der Voraussetzung $2\alpha = y$ für $sin\,\gamma$ die Gleichung $a = \frac{c\cdot sin\alpha}{sin2\alpha}$ erhält, will sie diese weiter vereinfachen.

Dabei begeht die Versuchsperson einen weiteren Fertigkeitsfehler (FF$_2$), weil sie die **Ausdrücke** **$sin\,\alpha$ und $sin\,2\alpha$ miteinander kürzt** und somit $a = \frac{c}{sin2}$ als Ergebnis heraus bekommt. Nachdem bei der Versuchsperson erste Zweifel an dem Teilungsverhältnis für die Seiten a und c aufkommen, stellt sie fest, dass sie dieses Ergebnis noch weiter von der Zielgleichung wegbringt: *„Das bringt mich ja noch weiter von dem Ergebnis weg."* (VS-VP1 S5 Video [43.51]).

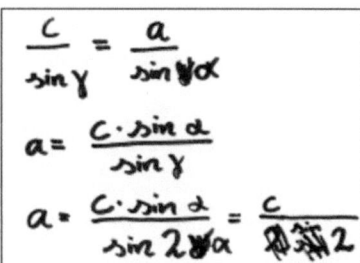

Abbildung 34

So kommt die Versuchsperson zu einem weiteren Lösungsansatz$_{6.2}$ und auf die Strategie des Rückwärtsarbeitens: *„Vielleicht sollte ich auch mal versuchen einfach die Formel zurückzuformen"* (VS-VP1-S5 Video [45.11]). Dazu wendet sich der Proband wieder der Zielgleichung zu und setzt in diese, den nach a umgeformten Sinussatz aus dem vorangegangenen Lösungsansatz$_{6.1}$ ein. Beim **Ausklammern** von c aus der Gleichung und dem Vereinfachen der Gleichung nimmt die Versuchsperson diverse fehlerhafte Umformungen vor (FF$_3$), welche sie teilweise im Verlauf ihrer Handlungen erkennt und korrigiert (vgl. Abb. 35):

$$c^2 = a \cdot (a + b)$$

$$\Leftrightarrow c^2 = a^2 + ba$$

$$\Leftrightarrow c^2 = \left(\frac{c \cdot sin\alpha}{sin2\alpha}\right)^2 + \left(\frac{b \cdot c \cdot sin\alpha}{sin2\alpha}\right) = c \cdot \left(\frac{sin\alpha \cdot \sqrt{c}}{sin2\alpha}\right)^2 + \left(\frac{b \cdot sin\alpha}{sin2\alpha}\right) |: c$$

$$\Leftrightarrow c = \frac{sin\alpha^2 \cdot c}{(sin2\alpha)} + \frac{b \cdot sin\alpha}{sin2\alpha} \; |\cdot sin2\alpha^2$$

$$\Leftrightarrow c \cdot (sin2\alpha)^2 = sin\alpha^2 \cdot c + b \cdot sin\alpha \cdot (sin2\alpha)^2$$

Im weiteren Lösungsverlauf setzt die Versuchsperson die Komplementwinkelbeziehung von $cos\alpha = sin\,(90° - \alpha)$ und die Doppelwinkelfunktion von $sin\,2\alpha = 2 \cdot sin\alpha \cdot cos\alpha$, welche die Versuchsperson in der Formelsammlung findet, in diesen weitergeführten Lösungsansatz[6.2] ein:

$$\Leftrightarrow c \cdot (2\;sin\alpha\;cos\alpha)^2 = sin\alpha^2 \cdot c + b \cdot sin\alpha \cdot (2sin\alpha\;cos\alpha)^2$$

$$c \cdot sin\alpha^2 \cdot cos\alpha = sin\alpha^2 \cdot c + 4b \cdot sin\alpha^3 \cdot cos\alpha$$

$$\Leftrightarrow 4c \cdot cos\alpha = c + 4b \cdot sin\alpha \cdot cos\alpha \quad |:4c$$

$$\Leftrightarrow cos\alpha = \frac{1}{4} + \frac{b \cdot sin\alpha \cdot cos\alpha}{c}$$

$$\Leftrightarrow cos\alpha = \frac{c1 + 4b\;sin\alpha \cdot cos\alpha}{4c}$$

$$\Leftrightarrow cos\alpha = \frac{1}{4} + \frac{b \cdot sin\alpha \cdot cos\alpha}{c}$$

$$\Leftrightarrow sin(90° - \alpha) = \frac{1}{4} + \frac{b \cdot sin\alpha \cdot sin(90° - \alpha)}{c}$$

Die Problembearbeitungen enden, als die Versuchsperson Sinus und Kosinus aufzulösen versucht und die Bearbeitungszeit von einer Zeitstunde zu Ende geht. Auch in diesem Lösungsansatz zeigt sich der Strategiefehlerart **„die Lösungssuche erfolgt nicht methodenbewusst"** nach Heinrich (2010) (SF$_3$), da die Versuchsperson mit der Methode des „Rückwärtsarbeitens" arbeitet, ohne dabei zu wissen was diese zu leisten imstande ist. Dieser Fehler begünstigt, dass die Versuchspersonen weiterführende Umformungen vornimmt, ohne dabei ein Ziel vor Augen zu haben (SF$_4$): *„Dann benutze ich einfach mal den Ausdruck"* (VS-VP1-S5 Video [52.23]). Dieses strategisch defizitäre Verhalten wird zudem in den Äußerungen der Versuchsperson in der Audioreflexion deutlich: *„Jetzt habe ich versucht vom Ergebnis, also die Lösung, die man schon vorgegeben hat, einfach zu nehmen und die solange umzuformen bis man, eine Beschreibung der Form hat, wie man es ausdrücken kann"* (VS-VP1-S5 Audio [45.20]). Und der Bemerkung: *„Jetzt habe ich einfach ein bisschen an der Formel herum experimentiert, indem ich einfach irgendwelche, also nicht irgendwelche, sondern sinnvolle Zahlen subtrahiert, multipliziert oder addiert, also irgendwas damit gemacht habe."* (VS-VP1-S5 Audio [50.15]). Das von der Versuchsperson gezeigte Verhalten weist auch auf die Strategiefehlerart **„fehlende Zielbalancierung"** nach Schaub (2010) hin (vgl. Kap. 2.4.2). Aufgrund der lautsprachlichen Äußerungen wird aus Expertensicht gedeutet, dass diese Fehler von der Versuchsperson nicht erkannt werden. Da der Strategiefehler$_4$ in mehreren Lösungsansätzen des Probanden vorkommt (LA$_5$ & LA$_{6.2}$), wird er als globales Defizit beurteilt. Bei dem Strategiefehler$_5$ handelt es sich um ein lokales Defizit, da dieser nur im Lösungsansatz$_{6.2}$ identifiziert wurde.

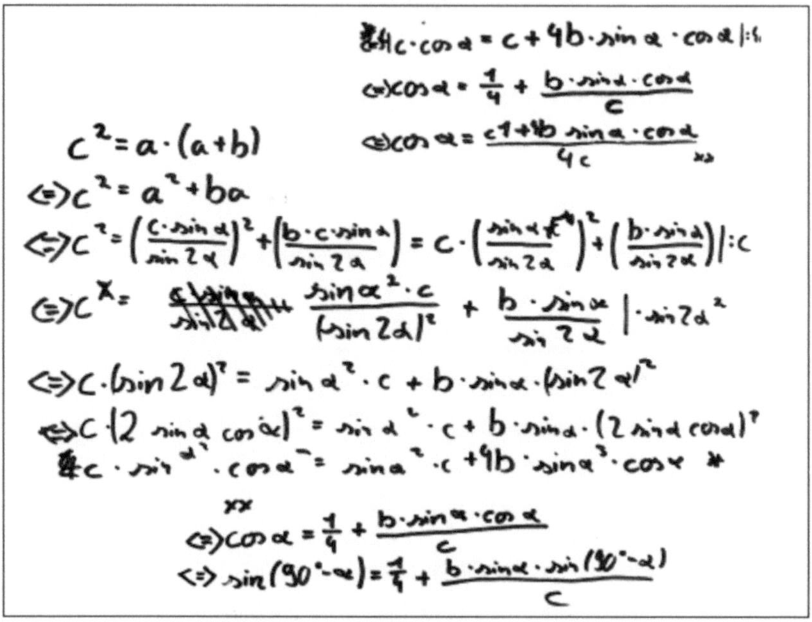

Abbildung 35: Aufzeichnungen zum Lösungsansatz$_{6.2}$

Darüber hinaus lassen sich globale Wissensdefizite im gesamten Problembearbeitungsprozess der Versuchsperson feststellen, da die Versuchsperson grundlegendes Wissen (z.B. Satz des Pythagoras: *„Wie rum war jetzt der Satz des Pythagoras?"* [VS-VP1-S5 Video [07.08]), griechische Buchstaben: *„Ich müsste dringend mal die griechischen Buchstaben lernen"* (VS-VP1-S5 Video [37.26]), Winkelformeln: *„Wenn ich nur wüsste, ob man für sin2α 2sinα einfach schreiben darf. Einfache Umformungsregel [guckt in die Formelsammlung]"* (VS-VP1-S5 Video [51.30])) in der Formelsammlung nachschlagen muss. Diese wirken sich strategisch defizitär auf den Problembearbeitungsprozess der Versuchsperson aus, da es zu einer überhäufigen Nutzung des externen Wissensspeichers führt (SF$_5$). Jedes Mal, wenn dem Probanden die Ideen ausgehen, und er nicht weiter weiß, nimmt er die Formelsammlung zur Hand. Aufgrund der Einseitigkeit in seinem Vorgehen kann von der Fehlerkategorie 4 **„Asymmetrie der Lösungssuche"** nach Heinrich (2010) gesprochen werden (vgl. Kap. 2.4.2). Durch die lautsprachlichen Äußerungen deutet das Expertenteam, dass der Versuchsperson dieser Strategiefehler bewusst zu sein scheint: *„Wenn man einen Winkel rauskriegen will, dann muss man // Formelsammlung hilft, dass man sich an irgendwelche Sachen erinnert, die man vielleicht vergessen hat."* (VS-VP1-S5 Video [34.39]). Die Aussagen in der

Audioreflexion unterstützen diese Vermutung: *„Bei dieser Aufgabe habe ich auch sehr viel versucht mit dem Taschenrechner zu machen und der Formelsammlung, da dadurch mir vielleicht andere Ideen gekommen wären, die mir beim Lösungsweg helfen könnten."* (VS-VP1-S5 Audio [40.47]), *„Jetzt habe ich nochmal in der Formelsammlung geguckt, was man mit dem Satz des Pythagoras und anderen Formeln anfangen kann."* (VS-VP1-S5 [07-26]). Vermutlich liegt diesem Fehler als möglicher Einflussfaktor die starke Fixierung der Versuchsperson auf das Arbeiten mit Formeln zugrunde, welche auch in der Äußerung *„Da habe ich wieder die Formelsammlung zur Hand genommen um dort irgendwas Nützliches zu finden. Ich habe immer noch gehofft, dass ich in der Formelsammlung auf irgendeine andere Formel stoße, die mir schlagartig das Problem klar macht."* (VS-VP1-S5 Audio [51.58]) klar wird.

Darüber hinaus lässt sich die Strategiefehlerkategorie **„Springen an der Oberfläche"** von Alexy (2009) in diesem Problembearbeitungsprozess identifizieren (vgl. Kap. 2.4.2), da die Versuchsperson zwischen den einzelnen Lösungsansätzen hin und her springt (SF_6). Erst nachdem mehr als die Hälfte der Bearbeitungszeit bereits verstrichen ist, setzt sie sich mit einem Lösungsansatz intensiv auseinander (Lösungsansatz$_6$). Da aber bis dato schon sehr viel Zeit vergangen ist, fehlt ihr an dieser Stelle die Zeit, um zu einer Lösung des Problems zu gelangen. Zudem wirken sich die Strategiefehler$_{3, 4}$ und $_5$ lösungshemmend auf den Lösungsansatz$_6$ aus. Dieser Strategiefehler$_6$ wird von der Versuchsperson weder introspektiv noch retrospektiv bemerkt.

5.1.2 IDENTIFIZIERTE FEHLER DER VERSUCHSPERSON

In folgender tabellarischer Auflistung werden alle identifizierten Defizite zusammengefasst:

Fehlerbeschreibung	Fehlerart nach Geering	Reichweite des Defizites	Umgang mit Fehler	
			Video	Audio
Zusammenfassen nicht identischer Terme	FF_1	Lokal in Lösungsanlauf$_{1.2}$	K_A (04.04)	-
Lösungsbedingung wird unzureichend berücksichtigt	SF_1	Lokal in Lösungsanlauf$_4$	K_A (26.09)	-
Eigenschaften eines Sachverhaltes werden unzureichend ausgeschöpft	SF_2	Lokal in Lösungsanlauf$_4$	K_A (26.09)	-

Fehlerhafte Winkelbeschriftung des gespiegelten Dreiecks	WF_1	Lokal in Lösungsanlauf$_4$	Fehler wird mündlich richtig gemacht (24.16) K_A (26.09)	-
Fehlendes Methodenbewusstsein	SF_3	Global in Lösungsanlauf$_5$ und Lösungsanlauf$_{6.2}$	-	-
Fehlerhaftes Kürzen	FF_2	Lokal in Lösungsanlauf$_{6.2}$	K_G	-
Fehlerhaftes Ausklammern	FF_3	Lokal in Lösungsanlauf$_{6.2}$	$E^U K_G^{\ U}$	-
Fehlende Zielbalancierung	SF_4	Lokal in Lösungsanlauf$_{6.2}$	K_G	-
Globales Wissensdefizit	SF_5	Global	E^V	E^V
Springen an der Oberfläche	SF_6	Global	-	-

In dieser schematischen Darstellung wird das Auftreten der identifizierten Fehler in den einzelnen Lösungsanläufen lokalisiert:

Lösungsansatz$_{1.1}$	SF$_5$ SF$_6$							
Lösungsansatz$_2$		SF$_5$ SF$_6$						
Lösungsansatz$_{1.2}$			FF$_1$ SF$_5$ SF$_6$					
Lösungsansatz$_3$				SF$_5$ SF$_6$				
Lösungsansatz$_4$					WF$_1$ SF$_1$ SF$_2$ SF$_5$ SF$_6$			
Lösungsansatz$_5$						SF$_3$ SF$_5$ SF$_6$		
Lösungsansatz$_{6.1}$							FF$_2$ SF$_5$ SF$_6$	
Lösungsansatz$_{6.2}$								FF$_3$ SF$_3$ SF$_4$ SF$_5$ SF$_6$

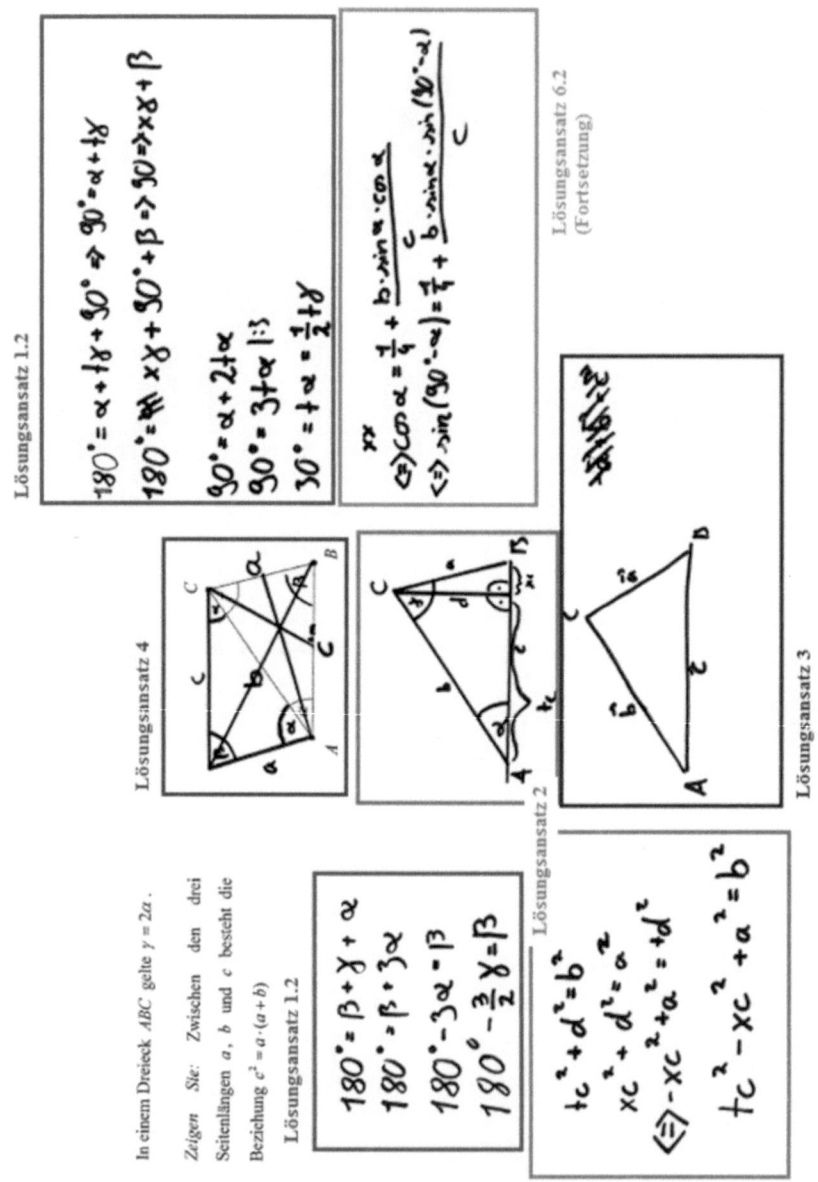

In einem Dreieck ABC gelte $\gamma = 2\alpha$.

Zeigen Sie: Zwischen den drei Seitenlängen a, b und c besteht die Beziehung $c^2 = a \cdot (a+b)$.

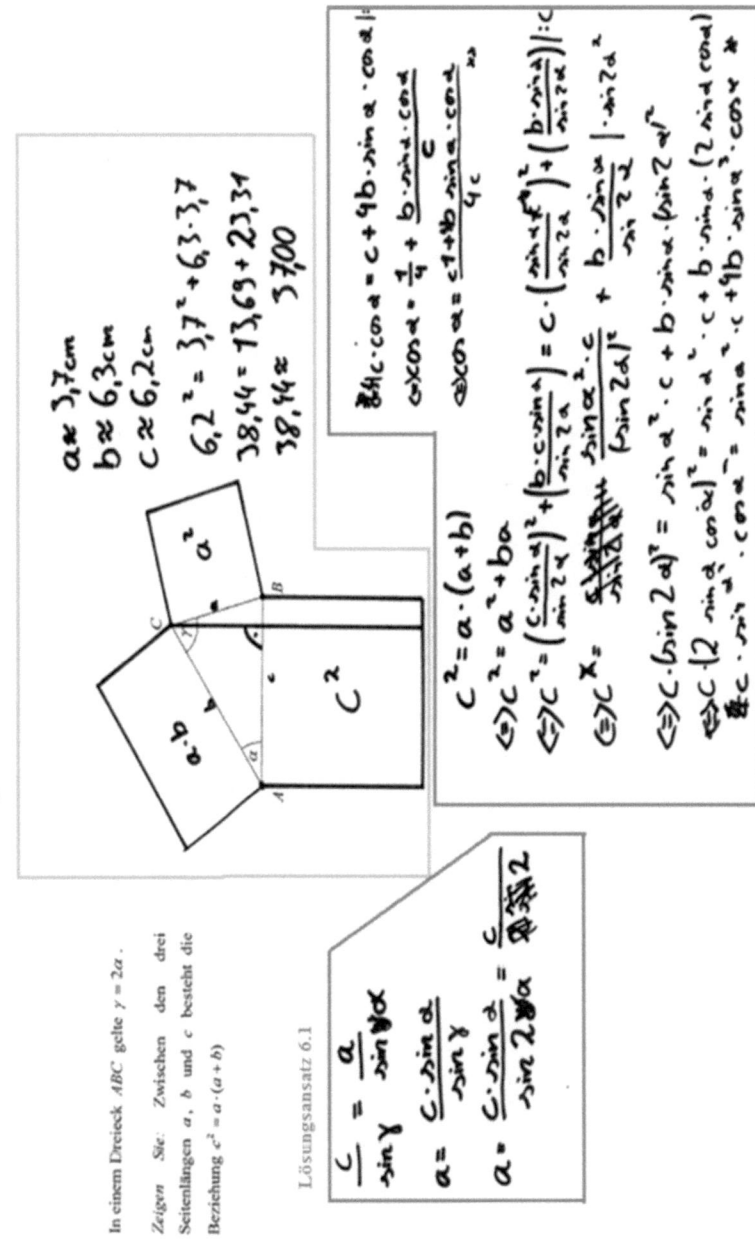

In einem Dreieck *ABC* gelte $\gamma = 2\alpha$.

Zeigen Sie: Zwischen den drei Seitenlängen a , b und c besteht die Beziehung $c^2 = a \cdot (a + b)$

Lösungsansatz 6.1

$$\frac{c}{\sin \gamma} = \frac{a}{\sin \alpha}$$

$$a = \frac{c \cdot \sin \alpha}{\sin \gamma}$$

$$a = \frac{c \cdot \sin \alpha}{\sin 2\alpha}$$

$a \approx 3{,}7\,\text{cm}$
$b \approx 6{,}3\,\text{cm}$
$c \approx 6{,}2\,\text{cm}$

$6{,}2^2 = 3{,}7^2 + 6{,}3 \cdot 3{,}7$
$38{,}44 = 13{,}69 + 23{,}31$
$38{,}44 \approx 37{,}00$

Lösungsansatz 6.2

$$4b \cdot c \cdot \cos\alpha = c + 9b \cdot \sin\alpha \cdot \cos\alpha$$

$$\cos\alpha = \frac{1}{4} + \frac{b \cdot \sin\alpha \cdot \cos\alpha}{c}$$

$$\cos\alpha = \frac{c + 9b \cdot \sin\alpha \cdot \cos\alpha}{4c}$$

$$c^2 = a \cdot (a + b)$$

$$\Leftrightarrow c^2 = a^2 + ba$$

$$\Leftrightarrow c^2 = \left(\frac{c \cdot \sin\alpha}{\sin 2\alpha}\right)^2 + \left(\frac{b \cdot c \sin\alpha}{\sin 2\alpha}\right) = c \cdot \left(\frac{c \sin^2\alpha}{\sin^2 2\alpha}\right) + \left(\frac{b \cdot c \sin\alpha}{\sin 2\alpha}\right) \,\Big|: c$$

$$\Leftrightarrow c^x = \frac{c \sin\alpha^2}{(\sin 2\alpha)^2} + \frac{b \cdot \sin\alpha}{\sin 2\alpha}$$

$$\Leftrightarrow c \cdot (\sin 2\alpha)^2 = \sin\alpha^2 \cdot c + b \cdot \sin\alpha \cdot \sin 2\alpha$$

$$\Leftrightarrow c \cdot (2 \sin\alpha \cos\alpha)^2 = \sin\alpha^2 \cdot c + b \cdot \sin\alpha \cdot (2 \sin\alpha \cos\alpha)$$

$$4c \cdot \sin\alpha^2 \cos\alpha^2 = \sin\alpha^2 \cdot c + 9b \cdot \sin\alpha^2 \cos\alpha$$

5.2 Versuchsperson 2

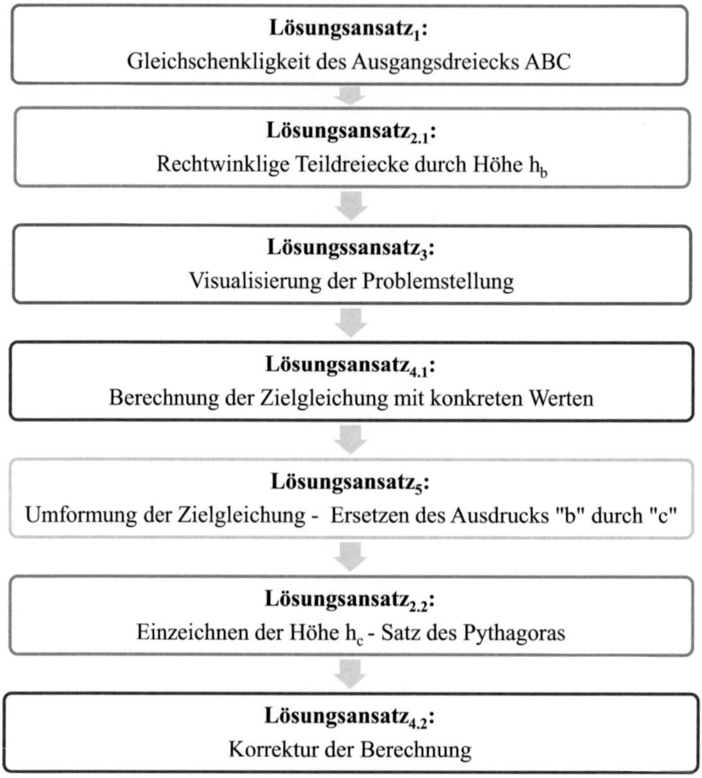

Abbildung 36: Stufenmodell der einzelnen Lösungsanläufe der Versuchsperson 2

5.2.1 Beschreibung des Problembearbeitungsprozesses der Versuchsperson

Der Problembearbeitungsprozess der Versuchsperson 2 ist durch verschiedene Lösungsansätze gekennzeichnet, welche sie während der Lösungssuche zum „Dreiecks-Winkel-Problem“ verfolgt.

Nachdem sich die Versuchsperson zunächst mit der Problemstellung auseinandersetzt und die Seiten des Ausgangsdreiecks mit a, b und c beschriftet, verfolgt sie anschließend ihren ersten Lösungsanlauf, indem sie die Zielgleichung $c^2 = a \cdot (a + b)$ aus der Problemstellung analysiert (LA_1). Diese multipliziert sie zu $c^2 = a^2 + ab$ aus und misst die Seiten des

Ausgangsdreiecks ABC nach. Aufgrund von Messungenauigkeiten der Seiten b und c, zieht die Probandin die falsche Schlussfolgerung, dass es sich bei diesem um *„ein gleichschenkliges Dreieck"* (VS-VP2-VS5 – Video [02.25]) handelt, welche sie auch in ihren Aufzeichnungen festhält (vgl. Abb. 37). Diese Feststellung der **Gleichschenkligkeit des Ausgangsdreiecks ABC** wird als Wissensfehler identifiziert, welcher mit dem Fertigkeitsfehler in Bezug auf Ungenauigkeiten beim **Messen der Seitenlängen** einhergeht (WF_1 & FF_1) und vermutlich mit einem Wissensdefizit über gleichschenklige Dreiecke zusammenhängt.

Als die Versuchsperson versucht, die Voraussetzung $\gamma = 2\alpha$ in ihre Lösungsbemühungen einzubeziehen und in diesem Zusammenhang auf die Winkel des Ausgangsdreiecks ABC eingeht, findet sie einen Widerspruch zu ihrer Feststellung, durch die gemessenen Winkelgrößen von β und γ (vgl. Abb. 37).

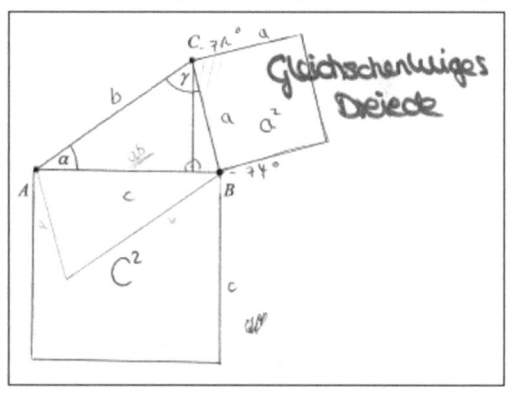

Obwohl sie durch das Nachmessen der Winkel auf die Abweichung der Winkelgrößen stößt: *„Der ist ungefähr 74° [meint β], der ist auch 71° [meint γ]. Häh das verstehe ich nicht."* [38] (VS-VP2-S5 Video [05.00])), bleibt die Versuchsperson bei ihrer Annahme, dass das Ausgangsdreieck ABC gleich-

Abbildung 37

schenklig ist. Zu Beginn der Audioreflexion geht die Probandin nochmals auf diesen Widerspruch ein: *„Ja in der Formelsammlung war halt so eine Formel für die Winkel und ich dachte vielleicht kann sie mir was bringen, aber da ist man irgendwie davon ausgegangen, dass die beiden Winkel, also hier in dem Falle γ und der eine unbeschriftete, gleichgroß sein müssen, aber bei mir, also auf dieser Zeichnung war das halt nicht der Fall und das hat mich irgendwie ein bisschen verwirrt"* (VS-VP2-S5 Audio [04.49]). Da sie sowohl im realen Handlungsvollzug als auch in der Audioreflexion auf die Unstimmigkeit der Winkelgrößen hinweist und sich durch diese verunsichern lässt, wird aus Expertensicht davon ausgegangen, dass die Versuchsperson den Wissensfehler₁ unvollständig erkannt hat. Als Unterstützung dieser These lässt sich anführen, dass die Probandin am Ende der Videoaufzeichnungen den Fertigkeitsfehler₁ vollständig erkennt, analysiert und teilweise korrigiert, indem sie ihre Messung für die Seite c erneut überprüft und den Wert in ihren Aufzeichnungen verbessert: *„Jetzt messe ich das noch mal nach, ob es genau 6,2 war [misst die Seite c]. Naja eigentlich*

---

[38] An dieser Stelle wurden von der Autorin die Äußerungen der Versuchsperson im Transkript sinngemäß korrigiert.

eher 6,1. Dann kann ich das jetzt verbessern." (VS-VP2-S5 Video [23.40]). Diese erneute Überprüfung wird wahrscheinlich durch die Widersprüche von Seiten und Winkelgrößen von der Versuchsperson durchgeführt.

Da die Probandin während der Bearbeitung des Lösungsansatzes keine Lösung für den Widerspruch der Winkelgrößen in der Formelsammlung findet, wechselt sie den Lösungsanlauf und verfolgt die Idee, in das Ausgangsdreieck ein rechtwinkliges Dreieck einzuzeichnen ($LA_{2.1}$). Nachdem sie mithilfe des Geodreiecks die Seite h_b an das Dreieck ABC angelegt hat, verwirft sie diese Idee jedoch wieder mit den Worten: *„Wenn ich das aber so mache, dann habe ich nur eine Seite a. Das bringt auch nicht viel"* (VS-VP2-VS5 [09.22]).

Daraufhin wendet sich die Probandin wieder dem vorherigen Lösungsansatz (LA_1) zu und stößt durch das erneute Nachmessen der Seitenlängen b und c abermals auf den Widerspruch ihrer Annahme, dass es sich bei dem Ausgangsdreieck um ein gleichschenkliges Dreieck handelt (vgl. WF_1), welchen sie mit der Bemerkung: *„Häh? / Gleichschenkliges Dreieck."* (VS-VP2-S5 Video [10.16]) kommentiert. Anstatt dieses Arbeitsergebnis zu überprüfen, wendet sie sich wieder der Voraussetzung $\gamma = 2\alpha$ zu, welche sie erneut „irgendwie" versucht in ihre Lösungsbemühungen einzubeziehen. Nachdem sie diese gedeutet hat, *„Der ist doppelt so groß wie dieser* [zeigt erst α und dann γ]" (VS-VP2-VS5 – Video [11.36]), wendet sie sich aber einem neuen Lösungsanlauf zu.

In diesem neuen Lösungsansatz$_3$ visualisiert die Probandin die ausmultiplizierte Zielgleichung $c^2 = a^2 + ab$ aus dem Lösungsansatz$_1$, indem sie diese auf dem Aufgabenblatt anschauungsgeometrisch darstellt (vgl. Abb. 37). Während die Versuchsperson die Ausdrücke c² und a² als Flächeninhalt eines Quadrates richtig veranschaulicht, wird der Term ab fälschlicherweise als Flächeninhalt eines Parallelogramms und nicht als Flächeninhalt eines Rechtecks in die Skizze des Ausgangsdreiecks eingezeichnet (vgl. Abb. 37). Dieser Fehler ist ein typischer Wissensfehler, da die Versuchsperson an dieser Stelle fehlerhaftes Wissen in Bezug auf **Flächeninhalte geometrischer Figuren** zeigt (WF_2). Dieser Fehler wirkt sich eher lokal lösungshinderlich auf den Lösungsansatz$_3$ der Versuchsperson aus, da die Probandin diesen aufgrund der fehlenden Ähnlichkeit der einzelnen Figuren sofort wieder abbricht. Dieser Fehler bleibt sowohl während des Problemlöseprozesses als auch in der Retrospektion von der Probandin unentdeckt.

Im nachfolgenden Lösungsanlauf$_{4.1}$ überprüft die Versuchsperson die Zielgleichung mit konkreten Werten, indem sie die gemessenen Seitenlängen für a, b und c darin einträgt. Dabei geht sie immer noch von der Gleichschenkligkeit des Ausgangsdreiecks ABC aus und setzt daher für die Seiten b und c denselben Wert ein (vgl. Abb. 38).

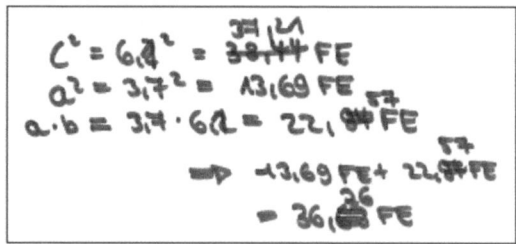

Abbildung 38: Aufzeichnungen zum Lösungsansatz₄

Ihre Berechnungen erfolgen einzeln, indem sie zunächst die Ausdrücke c^2, a^2, sowie ab ausrechnet und ihre Ergebnisse nachfolgend miteinander addiert:

$$c^2 = 6{,}2^2 = 38{,}44\ FE$$

$$a^2 = 3{,}7^2 = 13{,}69\ FE$$

$$a \cdot b = 3{,}7 \cdot 6.2 = 12{,}94\ FE$$

$$\Rightarrow 13{,}69\ FE + 22{,}94 FE = 36{,}63\ FE$$

Die Abweichungen ihrer Berechnungen resultieren ihrer Meinung nach aus eigenen Messfehlern: *„Also $a^2 = 3{,}7^2 = 13{,}69 FE$ und $ab = 3{,}7 \cdot 6{,}2 = 22{,}94\ FE$ [schreibt dies auf und ergänzt: $\Rightarrow 13{,}69\ FE + 22{,}94\ FE = 36{,}63\ FE$]. Müsste ja eigentlich das ergeben [zeigt auf $c^2 = 6{,}2^2 = 38{,}44\ FE$], aber ergibt es nicht. Wahrscheinlich wegen Messfehlern (...)“* (VS-VP2-VS5 – Video [17.00]). **„Die Orientierung an der Zeichnung und an konkreten Werten“,** welche sich im speziellen in diesem Lösungsansatz zeigt, wird aus Expertensicht als strategisch defizitär bewertet (SF₁). Als lösungshinderlich wird insbesondere die, daraus resultierende, falsche Annahme über die Gleichschenkligkeit des Ausgangsdreiecks gewertet. Dass sich die Allgemeingültigkeit der Problemstellung nicht durch die Berechnung von konkreten Werten bewiesen wird und ihr Vorgehen daher ineffektiv ist, scheint der Probandin bewusst zu sein und erfolgt vermutlich aus Ratlosigkeit bei der Lösungssuche. *„Ok, dann können wir es ja einfach mal ausrechnen, weil ich mit Winkeln und irgendwelchen Gesetzen leider nicht so viel anfangen kann, wüsste ich jetzt nicht wie ich es anders machen soll.“* (VS-VP2-S5-Video [16.15]). Dennoch bleibt der Strategiefehler₁ an sich introspektiv und retrospektiv unbemerkt. Weil sich der Fehler in verschiedenen Lösungsanläufen der Versuchsperson wiederfindet (LA₁, LA₃, LA₄.₁, LA₄.₂, LA₅), wird der Strategiefehler als globalwirkend im Lösungsprozess angesehen. Dieses Verhalten kann ebenfalls dem von Heinrich (2010) identifizierten Defizit 2 „die Lösungssuche erfolgt nicht methodenbewusst“ zugewiesen werden.

Zudem kann an dieser Stelle der Lösungssuche ein weiterer Strategiefehler der Versuchsperson identifiziert werden. Da die Versuchsperson ihre Annahme über die Gleichschenkligkeit des Ausgangsdreiecks ABC aus dem Lösungsansatz$_1$ in diesem Lösungsanlauf (LA$_{4.1}$) ungeprüft weiter verwendet, obwohl sie Zweifel an der Richtigkeit ihres Arbeitsergebnisses hat, kann in diesem Zusammenhang von dem Strategiefehler **„Komponenten aus früheren fehlerhaften Lösungsanläufen werden ungeprüft weiter verwendet"**, gesprochen werden (SF$_2$), welcher sich der ebenso benannten Typisierung 1 von Heinrich (2010) zuordnen lässt (vgl. Kap. 2.4.2). Der Strategiefehler$_2$ ist dadurch gekennzeichnet, dass Elemente eines nicht zielführenden Lösungsanlaufes (LA$_1$), von dem der Bearbeiter weiß, dass er Fehler enthält, ohne Überprüfung weiter verwendet werden. Weil sich der Fehler über große Teile des Problembearbeitungsprozesses hinzieht und in Lösungsansatz$_{4.1}$ und Lösungsansatz$_5$ durch die Versuchsperson eingebracht wird, wird dieser aus Expertensicht als eher global lösungshinderlich gewichtet. Obwohl die Versuchsperson wiederholt auf Widersprüche zu ihrer Annahme stößt, wird das Arbeitsergebnis weiterhin von ihr verwendet. Daher kann von einem Erkennen des Fehlers nicht gesprochen werden. Ferner weist darauf auch das Erkennen des Fertigkeitsfehlers$_1$ hin, weil sie den, mit diesem Fehler in Verbindung stehenden, Wissensfehler$_1$ in den anderen Lösungsanläufen nicht korrigiert.

Nachdem die Probandin den Lösungsansatz$_{4.1}$ mit den Worten *„Aber jetzt habe ich so eine Idee."* (VS-VP2-VS5 – Video [18.33]) abbricht, formt sie in einem weiteren Lösungsansatz (LA$_5$) die Zielgleichung der Problemstellung um, indem sie in dieser *b* durch *c* ersetzt (vgl. Abb. 39). Auch diese Vorgehensweise lässt sich auf den Wissensfehler$_1$ zurückführen, da die Probandin weiterhin von der Gleichschenkligkeit des Ausgangsdreiecks ABC ausgeht. Nachdem sie versucht, die daraus resultierende Gleichung $c^2 =$

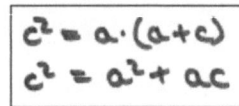

Abbildung 39

$a^2 + ac$ anschauungsgeometrisch zu deuten, und feststellt, dass ihre Überlegungen keinen Sinn ergeben, bricht sie auch diesen Lösungsansatz ab: *„Und was bedeutet das jetzt? / Das würde bedeuten c² ist gleich das plus [zeigt auf a²] so eine Figur quasi. / Nee, das geht ja gar nicht."* (VS-VP2-VS5 – Video [19.13]).

Daraufhin wendet sich die Versuchsperson erneut dem Lösungsansatz$_{2.1}$ zu und versucht diesen weiterzuführen (LA$_{2.2}$). Im Ausgangsdreieck ABC zeichnet die Probandin die Höhe h$_c$ ein und erhält so zwei rechtwinklige Teildreiecke (vgl. Abb. 37), welche sie für die Anwendung des Satzes des Pythagoras benötigt und aufgrund der Ähnlichkeit zum Ausgangsdreieck für sinnvoll erachtet: *„Irgendwie Pythagoras, das ist ja klar wegen dem c² (...)"* (VS-VP2-VS5 – Video [20.24]). Auch dieser Ansatz bringt die Versuchsperson nicht weiter, da sie es nicht schafft, sich von ihren Vorerfahrungen zu lösen und umzudenken: *„Hier habe ich nämlich irgendwie solche Formel gefunden, wo auch so eine ähnliche Beziehung auftritt in der Formelsammlung, aber ich kann das nicht anwenden, wegen diesem rechten Winkel, der hier irgendwie ganz anders ist."* (VS-VP2-VS5 – Video [22.08]). Das an dieser Stelle gezeigte Verhalten der Versuchsperson könnte auf die von Dörner (1979) beschriebene **„Funktionale Gebundenheit"** (SF$_3$) hinweisen (vgl. Kap. 2.4.2), was sich in der Einschränkungen in der Verwendung von Mitteln (hier die gefundene Formel für ein rechtwinkliges Dreieck im externen Wissensspeicher) zeigt, resultierend durch die Erfahrung in der Anwendung der Mittel (hier Aussehen des rechten Winkels). Dörner (1979: 79) charakterisiert diesen Begriff wie folgt: *„Individuen sind in geringem Maße bereit, Teile eines ihnen bekannten Ganzen in einem* <u>*anderen*</u> *Kontext zu verwenden als „freie" Teile."* Das bedeutet, dass die Individuen aufgrund vorangehender Erfahrungen bestimmte Operatoren an bestimmte Realitätsbereiche knüpfen und nicht in der Lage sind, diese anderweitig anzuwenden. Weil sich dieser Strategiefehler auf den Lösungsansatz$_{2.2}$ beschränkt, wird er als lokaler Fehler betrachtet. Aus Expertensicht kann aufgrund der lautsprachlichen Indikatoren der Probandin gedeutet werden, dass ihr dieser Fehler in der Audioreflexion ansatzweise bewusst wird: *„Ja ich habe auch versucht irgendwie, das so einzurichten das c die Hypotenuse sein kann, weil es schon so aussieht, also c^2 =, als ob hier gegenüber der rechte Winkel sein müsste, aber das ergab irgendwie auch keinen Sinn. Also irgendwie wüsste ich auch nicht wie ich das machen sollte."* (VS-VP2-S5 Audio [08.08]).

Da auch der Lösungsansatz$_{2.2}$ aufgrund der „Funktionalen Gebundenheit" misslingt, wendet sich die Probandin abermals dem Lösungsansatz$_{4.1,}$ indem sie die Seite c nachmisst und den entsprechenden Wert in ihren Aufzeichnungen verbessert (vgl. Abb. 38). Dennoch erhält die Versuchsperson erneute Abweichungen für die Werte von c^2 und a + ab, was sie kurzzeitig dazu führt, sich dem Lösungsansatz$_5$ zuzuwenden: *„Und ich wüsste jetzt echt nicht was ich hier anwenden soll. c^2 = a^2 | ac. /// Ich weiß es nicht."* (VS-VP2-S5 Video [24.52]). Da weitere Ideen ausbleiben, sucht sie abschließend ein letztes Mal erfolglos in der Formelsammlung und bricht ihre Lösungsbemühungen nach knapp 27 Minuten mit den Worten *„OK, ich gebe auf."* (VS-VP2-VS5 – Video [26.23]) ab.

Als weiterer Strategiefehler wurde im Problembearbeitungsprozess erneut die Kategorie 4 **„Asymmetrie der Lösungssuche"** nach Heinrich (2010) identifiziert. Die Einseitigkeit im Vorgehen der Probandin äußert sich darin, dass ihre Lösungsbemühungen vor allem durch die Suche in der Formelsammlung stattfinden (SF$_4$) (vgl. Kap. 2.4.2, Strategiefehler 4). Während der ganzen Lösungssuche liegt die Formelsammlung aufgeschlagen neben der

Versuchsperson und wird in fast jeden Lösungsanlauf miteinbezogen, daher wird diesem Defizite globale Wirkung zugewiesen. Als strategisch defizitär kann an dieser Stelle gewertet werden, dass sich die Probandin stark an der Formelsammlung orientiert und kaum versucht ihr eigenes Wissen in den Lösungsprozess einzubringen. Ihr Vorgehen begründet sie in der Audioreflexion wie folgt: *„Ja und da ich halt kein Basiswissen zum Thema Winkel habe, habe ich einfach versucht noch irgendwas vielleicht in der Formelsammlung zu finden, was mich, also was mir ein bisschen weiterhilft, aber irgendwie wüsste ich auch nicht wie ich das machen sollte."* (VS-VP2-S5 Audio [07.00]). Mit dieser Bemerkung wird die Ursache für die Asymmetrie deutlich, welche in der Unsicherheit im Umgang mit heuristischen Mitteln begründet ist. Diese wirkt sich vermutlich ebenso lösungshinderlich auf den Lösungsprozess aus.

Darüber hinaus lässt sich im Lösungsprozess der Probandin wieder die Strategiefehlerart **„Springen an der Oberfläche"** von Alexy (2009) lokalisieren (SF$_5$). Das defizitäre Verhalten der Versuchsperson ist dadurch gekennzeichnet, dass sie zwischen den einzelnen Lösungsansätzen hin und her springt, ohne den Abbruch des jeweiligen Ansatzes sachlich zu begründen und ohne bei dem jeweiligen Ansatz in die Tiefe zu gehen. Dieses strategisch defizitäre Vorgehen äußert sich vor allem darin, dass die Versuchsperson während ihrer knapp 27-minütigen Lösungssuche fünf verschiedene Lösungsanläufe verfolgt, wobei sie sich durchschnittlich rund vier Minuten mit einem Lösungsansatz auseinandersetzt. Der Abbruch erfolgt meistens aufgrund fehlender Ideen und das Nichtfinden von Formeln im externen Wissensspeicher. Auch dieser Strategiefehler wird als Fehler mit globalem Einfluss gewichtet.

5.2.2 Identifizierte Fehler der Versuchsperson

In der nachfolgenden Tabelle werden die identifizierten Defizite des Bearbeitungsprozesses der Vesuchsperson2 zusammengefasst:

Fehlerbeschreibung	Fehlerart nach Geering	Reichweite des Defizites	Umgang mit Fehler	
			Video	Audio
Gleichschenkligkeit des Ausgangsdreiecks	WF_1	Global in Lösungsansatz$_1$ Lösungsansatz$_{4.1}$ Lösungsansatz$_5$	E^U (05.00)	E^U (04.49)
Messungenauigkeiten der Seitenlänge c	FF_1	Global in Lösungsansatz$_1$ Lösungsansatz$_{4.1}$ Lösungsansatz$_5$	$E^V A^V K^U$ (23.20)	-
Term „ab" wird als Flächeninhalt eines Parallelogramms visualisiert	WF_2	Lokal in Lösungsansatz$_3$	K_A (16.15)	-
Orientierung an Zeichnung und an konkreten Werten	SF_1	Global in Lösungsansatz$_1$, Lösungansatz$_3$, Lösungsansatz$_4$ und Lösungsansatz$_5$	-	-
Annahme der Gleich-schenkligkeit wird ungeprüft weiter verwendet	SF_2	Global in Lösungsansatz$_{4.1}$ und Lösungsansatz$_5$	-	-
Funktionale Gebunden-heit (rechter Winkel)	SF_3	Lokal in Lösungsansatz$_{2.2}$	K_A (23.20)	E^U
Asymmetrie der Lösungssuche (Formelsammlung)	SF_4	Global	-	-
Springen an der Oberfläche	SF_5	Global	-	-

In der folgenden schematischen Darstellung wird das Auftreten der Defizite hinsichtlich ihrer Reichweite lokalisiert:

Lösungsansatz$_1$	WF$_1$ FF$_1$ SF$_1$ SF$_4$ SF$_5$						
Lösungsansatz$_{2.1}$		SF$_4$ SF$_5$					
Lösungsansatz$_3$			WF$_2$ SF$_1$ SF$_4$ SF$_5$				
Lösungsansatz$_{4.1}$				WF$_1$ FF$_1$ SF$_1$ SF$_2$ SF$_4$ SF$_5$			
Lösungsansatz$_5$					WF$_1$ FF$_1$ SF$_1$ SF$_2$ SF$_4$ SF$_5$		
Lösungsansatz$_{2.2}$						SF$_3$ SF$_4$ SF$_5$	
Lösungsansatz$_{4.2}$							SF$_1$ SF$_4$ SF$_5$

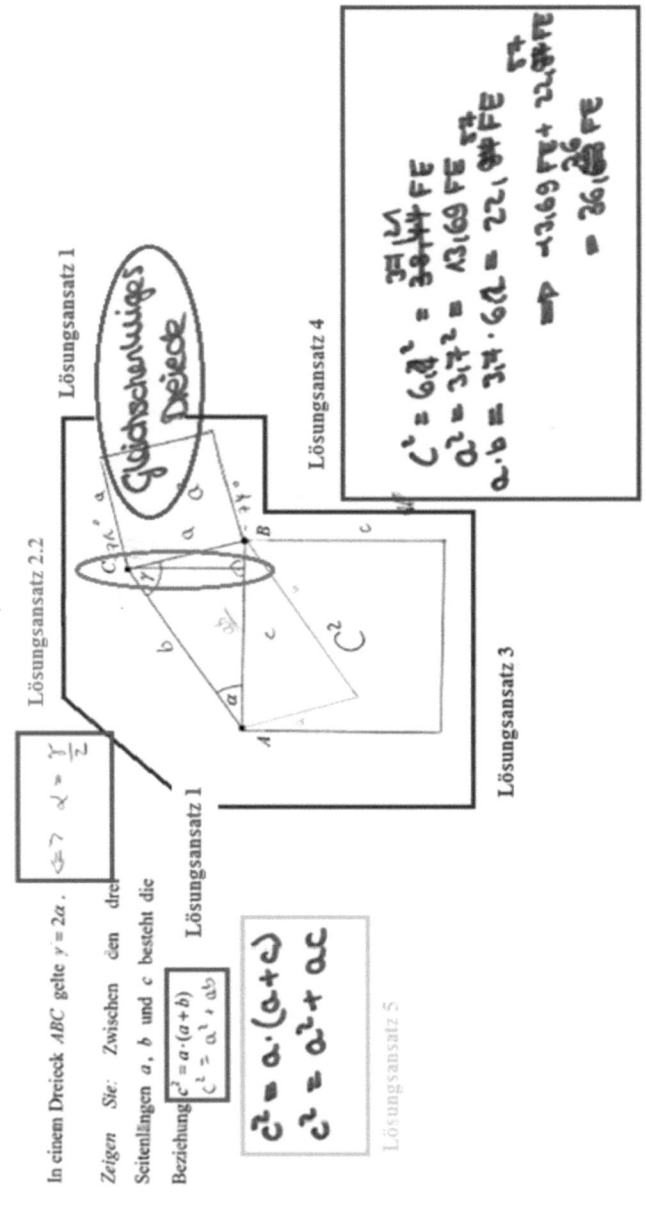

5.2 VERSUCHSPERSON 3

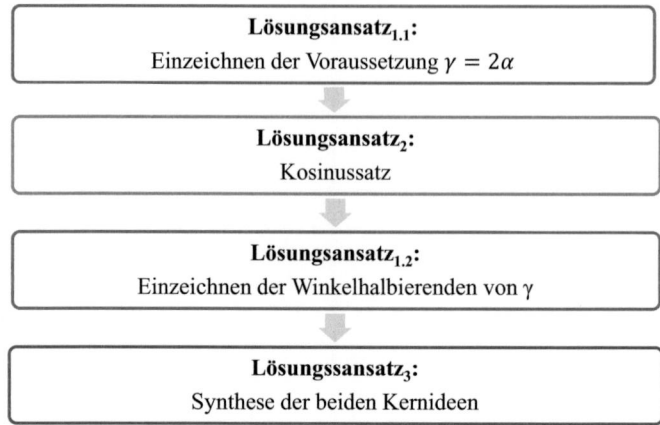

Lösungsansatz$_{1.1}$:
Einzeichnen der Voraussetzung $\gamma = 2\alpha$

Lösungsansatz$_2$:
Kosinussatz

Lösungsansatz$_{1.2}$:
Einzeichnen der Winkelhalbierenden von γ

Lösungssansatz$_3$:
Synthese der beiden Kernideen

Abbildung 40: Stufenmodell der einzelnen Lösungsanläufe der Versuchsperson 3

5.3.1 BESCHREIBUNG DES PROBLEMBEARBEITUNGSPROZESSESES DER VERSUCHSPERSON

Weitere Fehler, die beim „Dreiecks-Winkel-Problem" identifiziert wurden, finden sich im Problembearbeitungsprozess der Versuchsperson 3. Im Verlauf ihrer Bearbeitungen verfolgt die Versuchsperson zwei Kernideen in drei Lösungsanläufen, welche sie ausführlicher behandelt. Diese werden von der Versuchsperson auf einem Arbeitsblatt verschriftlicht. Dabei handelt es sich einmal um die Beschäftigung mit der Winkelhalbierenden des Winkels γ, welche sich für die Versuchsperson aus der Bedingung $\gamma = 2\alpha$ der Problemstellung ableitet, indem sie die Winkelhalbierende von γ in das Ausgangsdreieck ABC einzeichnet und Winkelbeziehungen der entstandenen Teildreiecke ADC und DBC[39] mithilfe der Innenwinkelsumme im Dreieck aufstellt (vgl. Abb. 41).

---

[39] Aus Verständnisgründen wurde von der Autorin der Eckpunkt D eingeführt.

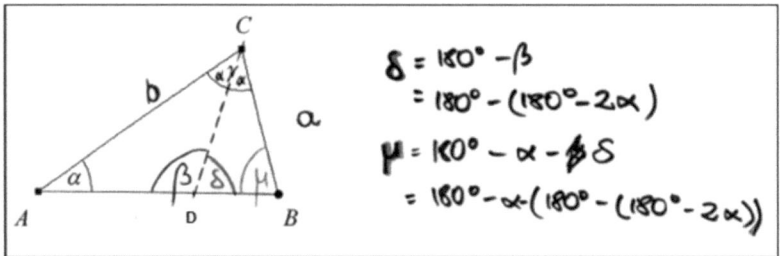

Abbildung 41: Aufzeichnungen zum Lösungsansatz₁

Eine andere Idee, die sie während der Lösungssuche verfolgt, ist der *Kosinussatz* $c^2 = a^2 + b^2 - 2ab \cdot \cos\gamma$, den die Probandin in der Formelsammlung findet. Die Probandin wählt diesen vermutlich aufgrund der Ähnlichkeit zur Zielgleichung. Anschließend versucht sie in einem weiteren Lösungsanlauf ihre beiden Kernideen zu synthetisieren, indem sie die Winkelbeziehung $\mu = 180° - \alpha - (180° - (180° - 2\alpha))$ in den Kosinussatz einsetzt (vgl. Abb. 43).

Zunächst geht es der Versuchsperson um das *Verstehen der Problemstellung*. Sie analysiert die Aufgabenstellung, indem sie sich mit der Zielgleichung und der Bedingung auseinandersetzt. Dabei kommen der Versuchsperson erste Ideenansätze in Form des Satzes des Pythagoras und des Sinussatzes. Die Idee mit dem Sinussatz verfolgt die Versuchsperson nicht weiter, da sie fälschlicherweise davon ausgeht, dass sie dazu einen rechten Winkel benötigt: *„Also, vermute ich, müsste man irgendwie das mit dem Sinussatz oder so machen. Ach nee dafür braucht man ja / einen rechten Winkel, fällt mir gerade ein."* (VS-VP3-S5 Video – [01:20]). Dieses Vorgehen der Versuchsperson wird als strategisches Defizit bewertet, da es sich bei diesem Vorgehen um ein **„Verbotsirrtum"** nach Dörner (1979) handelt (SF₁). Das bedeutet, dass der Problembearbeiter aus bestimmten Gründen (hier aufgrund des Fehlens des rechten Winkels im Dreieck) der Meinung ist, dass bestimmte Operatoren (in diesem Fall der Sinussatz) verboten seien, obwohl in der Aufgabenstellung ein solches Verbot nicht enthalten ist (vgl. Kap. 2.4.2, Strategiefehlerkategorie 16). Da das Vorgehen lediglich im Verstehensprozess der Aufgabenstellung erfolgt und die Versuchsperson daraufhin einen anderen Lösungsweg einschlägt, wird dieser Fehler als eher lokal im Problembearbeitungsprozess gewichtet.

Im weiteren Verlauf der Bearbeitungen beschriftet die Versuchsperson die Seiten und Winkel in der abgebildeten Dreiecksskizze, wobei diese nicht den Konventionen entspricht, da sie die Seite a mit b, Seite b mit c und Seite c mit a bezeichnet. An dieser Stelle begeht die Versuchsperson einen klassischen Wissensfehler, welcher mit **Unkonventionelle Beschriftung der Seiten** benannt wird und als eher lokalwirkend zu bewerten ist (WF₁). Nachdem sie

Einsicht in die Formelsammlung nimmt, wird sie auf diesen Wissensfehler aufmerksam: *„Mir fällt gerade auf, dass ich das falsch beschriftet habe, da man immer einfach die gegenüberliegenden Seiten mit den jeweiligen Winkelnamen Seitenlängen abzeichnet. Jetzt ändere ich das einfach um.*" (VS-VP3-S5 Video – [03:03]). An dieser Stelle wird deutlich, dass die Versuchsperson ihren Fehler erkennt, analysiert und daraufhin korrigiert. In diesem Zusammenhang weist die Versuchsperson auf die Bedingung $\gamma = 2\alpha$ der Problemstellung hin und halbiert den Winkel γ per Augenmaß in der Skizze. Diese Handlung der Versuchsperson kann als ein erster Lösungsansatz gesehen werden ($LA_{1.1}$).

Weitere Fehler werden von der Probandin sowohl im realen Handlungsvollzug als auch in der anschließenden Audioreflexion kaum erkannt. Lediglich zwei weitere Fehler werden von ihr unvollständig erkannt (vgl. FF_1, SF_7). Die Versuchsperson vermag kaum etwas im Hinblick auf das Erkennen von Fehlern aus eigener Kraft zu leisten. Zudem ist der Zuwachs an erkannten Fehlern in der Audioreflexion als gering einzustufen.

Nachdem die Probandin ein weiteres Mal die Formelsammlung zur Hand nimmt, findet sie den *Kosinussatz*, welchen sie aufgrund der Ähnlichkeit zur Zielgleichung durch c² und zur Bedingung durch γ in ihren Lösungsbemühungen verwendet (LA_2).

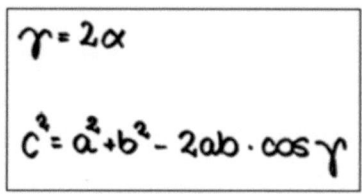

Abbildung 42

Während dieses Lösungsanlaufes schreibt sich die Versuchsperson den Kosinussatz $c^2 = a^2 + b^2 - 2ab \cdot cos\gamma$ aus der Formelsammlung heraus und äußert sinngemäß, dass sie im Weiteren arithmetisch-algebraisch vorgehen möchte (vgl Abb. 42). Anschließend versucht sie für $cos\ \gamma$ die Bedingung 2α in den Kosinussatz einzusetzen. Sie bricht diesen Lösungsanlauf jedoch ab, weil sie der Meinung ist, den Winkel nicht berechnen und damit auch nicht weiter kommen zu können: *„Für cos γ könnte ich halt 2α einsetzen. // Ich glaube das bringt mir irgendwie nichts. // Da ich die Winkel ja nicht gegeben habe und das dann nicht ausrechnen kann.*" (VS-VP3-S5 Video [06:34]).

Als weitere Idee wendet sich die Versuchsperson erneut der Formelsammlung zu und überlegt, wie sie das Dreieck in zwei Teildreiecke zerlegen könnte. Nachdem die Probandin die Winkelhalbierende des Winkels γ in das Ausgangsdreieck ABC eingezeichnet hat, untersucht sie die Winkelgrößen in den entstandenen Teildreiecken ADC und DBC ($LA_{1.2}$). Während sie richtigerweise feststellt, dass das Teildreieck ADC gleichschenklig ist, stellt sie für die Winkel des Teildreiecks DBC lediglich Winkelbeziehungen mithilfe der Innenwinkelsumme im Dreieck her, ohne weitere Überlegungen dazu anzustellen (vgl. Abb. 41). Diese Vorgehensweise wird aus Expertensicht als defizitär bewertet, da durch eine Weiterentwicklung ihrer Überlegungen zu den Winkelgrößen im Teildreieck DBC die Feststellung naheliegend wäre, dass dieses ähnlich zum Ausgangsdreieck ABC ist. Durch diese Erkenntnis wäre die Lösung über ähnliche Dreiecke fassbar gewesen. In diesem Kontext kann von der Strategiefehlerkategorie 8 von Heinrich (2010) gesprochen werden, dass **„eine trächtige Lösungsidee nicht oder nur unzureichend fortentwickelt wurde"** (SF_2) (vgl. Kap. 2.4.2). An dieser Stelle ist es wichtig wiederholend zu erwähnen, dass Strategiefehler, und insbesondere dieser Fehler, im hohen Maß von der subjektiven Beurteilung durch die Evaluatoren abhängig ist. Zudem kann dieser Fehler nur als solcher gewertet werden, wenn der Problembearbeiterin die Ähnlichkeit von Dreiecken auch bekannt ist. Da sich dieser Strategiefehler auf diesen einen Lösungsansatz beschränkt und sie diesen Ansatz nicht weiterverfolgt, wird er demnach als eher lokal im Lösungsprozess gewichtet.

An dieser Stelle des Problembearbeitungsprozesses wird zudem erneut deutlich, dass die Beschriftung der Winkelnamen ebenfalls nicht den üblichen Festlegungen entspricht. Der Winkel β des Ausgangsdreiecks ABC wird mit μ beschriftet. Dieses Vorgehen wird als strategisch defizitär bewertet, weil es sich auf die weiteren Lösungsbemühungen als hinderlich auswirkt und es im Weiteren zu Verwechslungen von μ, β und γ kommt, und die Versuchsperson falsche Beziehungen zwischen Winkeln herstellt. An dieser Stelle wird erneut ein Wissensdefizit der Versuchsperson über bereits verinnerlichte Wissenselemente deutlich, welches sich bereits in der Orientierungsphase des Problembearbeitungsprozesses durch die unkonventionelle Bezeichnung der Seiten äußerte (vgl. WF_1). Obwohl sich die Probandin im Prozess der Problembearbeitung über dieses Wissensdefizit bewusst ist: *„Mir fallen wieder keine Buchstaben ein. So nenne ich den jetzt mal μ."* (VS-VP3-S5 Video [12:06]), erfolgt keine Reflexion über die Wahl ihrer Beschriftungen. Dieser Strategiefehler wird als **„Unzweckmäßiger Umgang mit Variablenbezeichnungen"** benannt (SF_3) und weist aufgrund der unreflektierten Wahl der Mittel auf die Fehlerart „Die Lösungssuche erfolgt nicht methodenbewusst" von Heinrich (2010) hin. Da dieser Fehler in weiteren Lösungsanläufen verwendet wird, wird er aus Expertensicht als einer mit globaler Auswirkung bewertet.

Darüber hinaus findet sich in diesem Lösungsansatz$_{1,2}$ ein weiterer Strategiefehler, der auf das Nichtausrechnen der Winkelgleichungen zurückzuführen ist (SF_4). Es kann als defizitäres Verhalten gewertet werden, dass die Versuchsperson die Winkelgleichung von μ erst in einem späteren Lösungsanlauf (vgl. Lösungsansatz$_3$) im Kosinussatz versucht, zu vereinfachen (vgl. Abb.43), anstatt es vorher in Lösungsansatz$_{1,2}$ zu versuchen (vgl. Abb. 41). Dieses strategisch defizitäre Vorgehen weist auf eine weitere Ausprägung der Fehlerkategorie **„Verkomplizierung der Problemsituation"** von Wagner (2013) (vgl. Kap. 2.4.2), weil sich die Probandin ihre eigene Lösungssuche unnötig erschwert. Da sich auch dieser Fehler auf die weitere Lösungssuche auswirkt und sich über weite Strecken des Problembearbeitungsprozesses zieht, wird auch dieser Fehler als eher global im Problembearbeitungsprozess gewichtet.

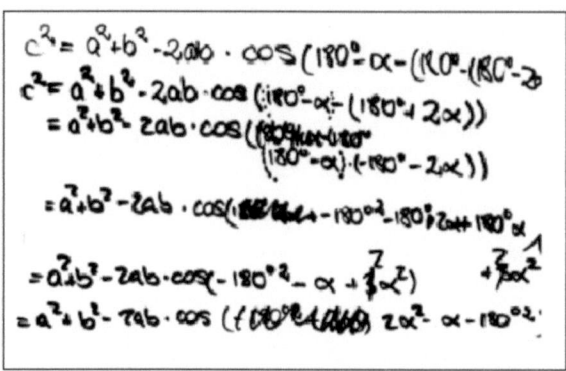

Abbildung 43: Aufzeichnungen zum Lösungsansatz₃

Die Versuchsperson beendet den Lösungsansatz $_{1.2}$, indem sie sich mit den Worten „*Diese Formel wird schon irgendwie stimmen*" (VS-VP5-S5 [18:08]) wieder dem Kosinussatz aus dem Lösungsansatz$_2$ zuwendet. An dieser Stelle beschäftigt sie sich insbesondere mit dem Winkel γ im Kosinussatz, den sie mit der Berechnung von α bestimmen möchte, indem sie die Winkelbeziehung des Winkels $\mu = 180° - \alpha(180° - (180° - 2\alpha))$ Lösungsansatz$_{1.2}$ (im Ausgangsdreieck ABC der Winkel β) für γ in den Kosinussatz einsetzt (vgl. Abb. 43). Während dieses Lösungsansatzes synthetisiert die Probandin ihre beiden Kernideen (Winkelhalbierende und Kosinussatz) miteinander. In diesem Lösungsanlauf$_3$ lässt sich ein weiterer Strategiefehler der Probandin identifizieren. Als die Probandin die Winkelbeziehung $\mu = 180° - \alpha - (180° - (180° - 2\alpha))$ für γ in den *Kosinussatz* $c^2 = a^2 + b^2 - 2ab \cdot cos\gamma$ einsetzt und versucht die Klammern aufzulösen (vgl. Abb. 43), äußert sie sich wie folgt: „*Ich bin gerade komplett verwirrt irgendwie, weil die Klammer... Ich habe das Gefühl das es falsch ist, weil verwirrt komplett.*" (VS-VP3-S5 Video [27:48]). Diese Äußerung zeigt auf, vor welchen Schwierigkeiten sie durch die Klammerauflösung steht. Obwohl sie massive Probleme hat, die Gleichung zu vereinfachen, verfolgt die Probandin diesen Lösungsansatz über weite Strecken ihrer Lösungssuche weiter, obwohl sie sich ihrer Schwierigkeiten bewusst ist. Das wird dadurch deutlich, dass sich die Versuchsperson im weiteren Lösungsverlauf dreimal nahezu wortwörtlich wiederholt, wie verwirrt und überfordert sie mit dem Auflösen der Klammern ist (VS-VP3-S5 [27:48], [36:59], [42:40]). Zudem bemerkt sie diese „Verwirrtheit" auch in der unmittelbaren Audioreflexion: „*(...) irgendwie mein Kopf war total auf „aus" gestellt war oder weiterhin ist. Ich kann immer noch wirklich nicht mich irgendwie ordnen und, dass ich überhaupt das war alles komplett durcheinander."* (VS-VP3-S5 Audio [34:01]). Das Unterlassen eines Wechsels des Lösungsansatzes wird an dieser Stelle als defizitär und lösungshinderlich durch die Evaluatoren gewertet (SF_5). Dieser Strategiefehler wird dadurch charakterisiert, dass **„die Lösungssuche asymmetrisch von der Versuchsperson organisiert wurde"** trotz ihres Wissens darüber, dass die Lösungssuche auf diesem Weg erfolglos ist. Dieser Strategiefehler ist dadurch gekennzeichnet, dass die Probandin die Lösungssuche im Hinblick auf bestimmte Aspekte der Lösungssuche deutlich einseitig gestaltet, selbst bei lang andauernder Erfolglosigkeit. Da sie den Lösungsansatz lange Zeit weiter verfolgt, wird dieser Strategiefehler als eher global angesehen. Dieses strategische Defizit entspricht auch der von Heinrich (2010) identifizierten Kategorie „Asymmetrie der Lösungssuche" im Hinblick auf die Neuartigkeit von Lösungsansätzen.

In diesem Lösungsansatz$_3$ der Versuchsperson kann zudem ein typischer Fertigkeitsfehler lokalisiert werden. Als die Versuchsperson die Winkelbeziehung $\mu = 180° - \alpha - (180° - (180° - 2\alpha))$ in den *Kosinussatz* für γ einsetzt, versucht sie den Ausdruck „$180° - \alpha - (180° - (180° - 2\alpha))$" zu vereinfachen. Allerdings löst sie die Klammern an dieser Stelle fehlerhaft auf und erhält den Ausdruck „$180° - \alpha - (180° + 2\alpha)$" und formt diesen weiter zu „$(180° - \alpha) \cdot (-180° - 2\alpha)$" um (vgl. Abb. 42). Die Probandin zeigt an dieser Stelle erhebliche Fehler in Bezug auf Fertigkeiten, die sie in der Sekundarstufe II eigentlich automatisiert beherrschen sollte, das **Auflösen von Klammern** kann dazu gezählt werden (FF_1). Im realen Handlungsvollzug wird aufgrund der Äußerungen der Versuchsperson deutlich, dass sie diesen Fehler unvollständig erkannt hat: *„Ich habe auf jeden Fall einen Fehler entdeckt. Das sind so kleine Fehler irgendwie das fällt mir gerade echt schwer."* (VS-VP3-S5 Video – [40.58]). Das Erkennen des Fehlers wird daher als unvollständig bewertet, da sie den Fehler nicht im Lösungsanlauf lokalisieren kann. Im weiteren Verlauf der Lösungssuche nimmt die Versuchsperson weitere fehlerhafte Umformungen vor, um die Winkelgleichung von µ weiter zu vereinfachen. Damit entfernt sich die Probandin aber immer weiter von der Zielgleichung (vgl. Abb. 43). In ihren Lösungsbemühungen steht nunmehr das Auflösen der Klammern im Vordergrund und nicht mehr der Beweis der Zielgleichung. Diese **„fehlende Zielbalancierung"** nach Schaub (2010) wird an dieser Stelle als lösungshinderlich durch die Evaluatoren gewertet, da es die Versuchsperson weiter von der Lösung des Problems wegbringt (SF_6). Dieser Strategiefehler wird durch die Evaluatoren als eher global bewertet, da sich der Lösungsansatz$_3$ über weite Strecken der Lösungssuche hinzieht.

Zudem konnte als weiterer Strategiefehler der Versuchsperson die starke Orientierung an der Formelsammlung identifiziert werden. Die Suche in der Formelsammlung nach einer Lösung kommt an verschiedenen Stellen der Lösungssuche zum Einsatz. Diese Vorgehensweise ist eine Einschränkung in der Verwendung der Mittel hinsichtlich der starken Orientierung der Versuchsperson an der Formelsammlung. Auch dieses strategisch defizitäre Vorgehen wird als **„Asymmetrie der Lösungssuche"** in Bezug auf die überwiegende Verwendung heuristischer Hilfsmittel nach Heinrich (2010) bezeichnet (SF_7). Das defizitäre Vorgehen liegt in der fehlenden Kopfarbeit und zu starken Orientierung in verschiedenen Lösungsphasen mit der Formelsammlung. In der Audioreflexion resümiert sie: *„Ich glaube, das war auch eher Zufall, dass ich diese Formel [Kosinussatz] gefunden habe. Ohne Formelsammlung hätte ich gar nicht anfangen brauchen."* (VS-VP3-S5-Audio [09:39]). Diese Aussage der Versuchsperson in der Audioreflexion macht deutlich, dass sie sich zumindest ansatzweise dieses Fehlers bewusst ist und ihn somit unvollständig erkannt hat. Die häufige Orientierung der Versuchsperson an der Formelsammlung, wird als eher globaler Strategiefehler gewertet, da sich die Nutzung der Formelsammlung über weite Strecken des Lösungsprozesses zieht.

Ihre Lösungsbemühungen bricht die Versuchsperson nach knapp 43 Minuten mit den Worten *„Nee, das hat keinen Sinn. Ich verrechne mich die ganze Zeit. // Das geht irgendwie nicht. Ich bin, ich habe überhaupt keine Ahnung was ich tun soll, weil irgendwie alles falsch mache und so".* (VS-VP3-S5 Video [43:11]) ab.

5.3.2 IDENTIFIZIERTE FEHLER DER VERSUCHSPERSON

Tabellarische Auflistung der identifizierten Fehler:

Fehlerbeschreibung	Fehlerart nach Geering	Reichweite des Defizites	Umgang mit Fehler	
			Video	Audio
Verbotsirrtum	SF_1	Lokal in der Orientierungsphase	K_A (01.53)	-
Unkonventionelle Beschriftung der Seiten	WF_1	Lokal in der Orientierungsphase	$E^VA^VK_A^V$ (3:50)	-
Trächtige Lösungsidee wird nicht fortentwickelt	SF_2	Lokal in Lösungsanlauf$_{1.2}$	K_A (18.08)	-
Unzweckmäßiger Umgang mit Variablenbezeichnungen	SF_3	Global in Lösungsansatz$_{1.2}$ und Lösungsansatz$_3$	-	-
Verkomplizierung der Problemsituation	SF_4	Global in Lösungsansatz$_{1.2}$ und Lösungsansatz$_3$	-	-
Asymmetrie der Lösungssuche (Richtung der Lösungssuche)	SF_5	Global in Lösungsansatz$_3$	-	-
Umformungsfehler beim Klammern auflösen	FF_1	Global in Lösungsansatz$_3$	E^U (40.58)	-
Lösungssuche erfolgt nicht zielführend	SF_6	Global in Lösungsansatz$_3$	-	-
Asymmetrie der Lösungssuche (Formelsammlung)	SF_7	Global	-	E^U (9:39)

Schematische Darstellung der Defizite in den einzelnen Lösungsanläufen:

Verstehen der Problem-stellung	SF_1 WF_1 SF_7				
Lösungsansatz$_{1.1}$		SF_7			
Lösungsansatz$_2$			SF_7		
Lösungsansatz$_{1.2}$				SF_2 SF_3 SF_4 SF_7	
Lösungsansatz$_3$					SF_3 SF_4 SF_5 FF_1 SF_7

5.3.3 STRUKTURIERTE AUFZEICHNUNGEN DER VERSUCHSPERSON

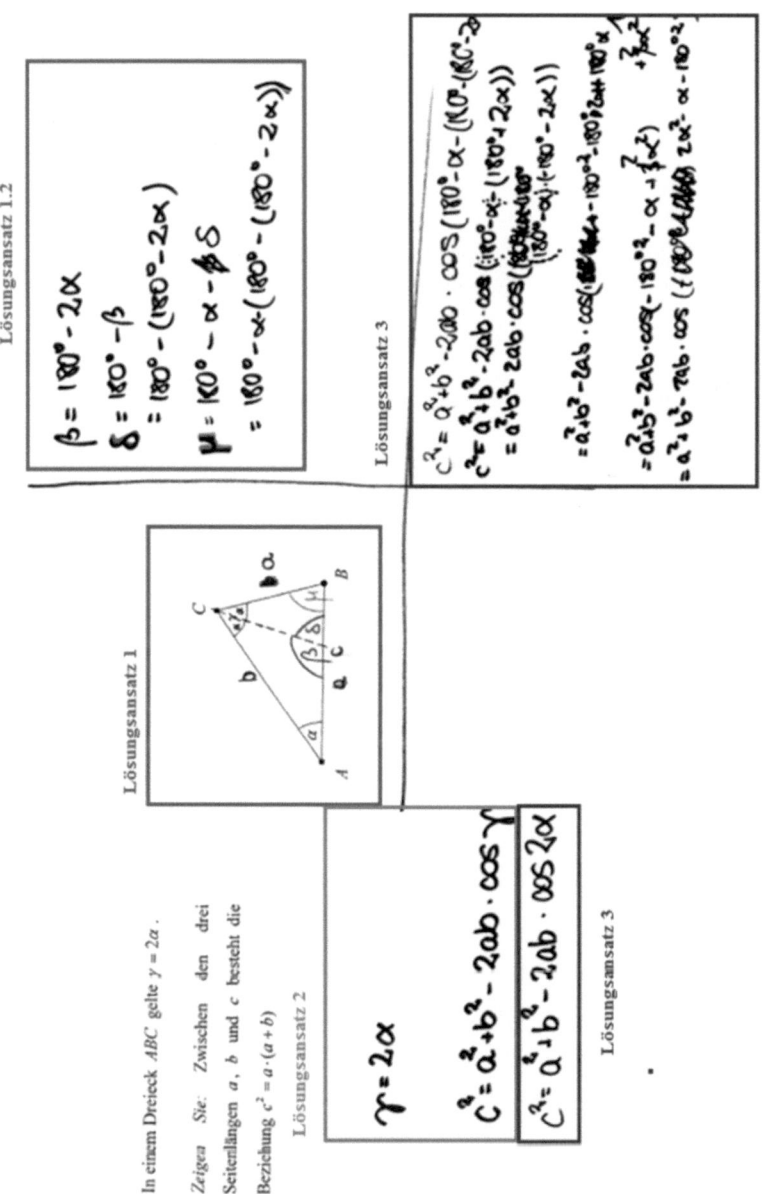

5.4 VERSUCHSPERSON 4

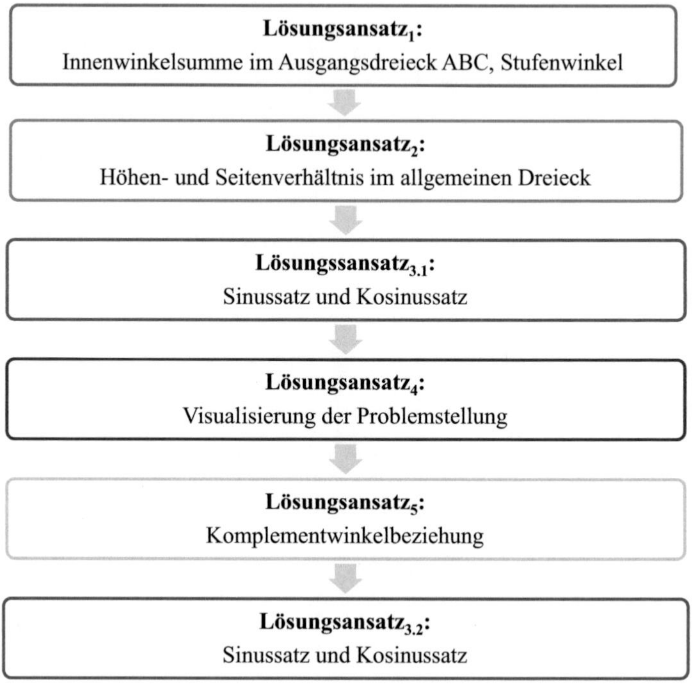

Lösungsansatz₁:
Innenwinkelsumme im Ausgangsdreieck ABC, Stufenwinkel

Lösungsansatz₂:
Höhen- und Seitenverhältnis im allgemeinen Dreieck

Lösungssansatz₃.₁:
Sinussatz und Kosinussatz

Lösungsansatz₄:
Visualisierung der Problemstellung

Lösungsansatz₅:
Komplementwinkelbeziehung

Lösungsansatz₃.₂:
Sinussatz und Kosinussatz

Abbildung 44: Stufenmodell der einzelnen Lösungsanläufe der Versuchsperson 4

5.4.1 BESCHREIBUNG DES PROBLEMBEARBEITUNGSPROZESSES DER VERSUCHSPERSON

Zu Beginn des Problembearbeitungsprozesses analysiert die Versuchsperson die Problemstellung, indem sie diese verbalisiert und die einzelnen Bedingungen nochmals für sich wiederholt. Anschließend beschriftet sie die Seiten des Ausgangsdreiecks ABC und erkennt, dass es sich dabei um kein rechtwinkliges Dreieck handelt, und sie den Satz des Pythagoras daher nicht anwenden darf: „*Also es ist ja kein rechtwinkliges Dreieck, deswegen ist ja nicht* $a^2 + b^2 = c^2$. " (VS-VP4-S5 Video [01.55]).

Dann erfolgt eine geometrische Analyse der Zielgleichung, indem die Versuchsperson an den Seiten a und c Quadrate andeutet. Mit der geometrischen Deutung des Terms *ab* hat die Versuchsperson Schwierigkeiten, weil sie nicht weiß, wie sie diesen Ausdruck darstellen soll.

Daher zeigt sie lediglich auf die Seiten von a und b, ohne eine Figur für diesen Ausdruck zu umreißen.

Nach Einsicht in die Formelsammlung schließt die Probandin die Tatsache aus, dass das Dreieck gleichseitig ist, welche sie mit der Feststellung, dass alle Seiten verschieden lang sind, begründet: *„Gleichseitig ist es schon mal nicht. // Ja, alle Seiten sind verschieden lang."* (VS-VP4-S5 Video [03.09]). Dann beginnt sie erneut in der Formelsammlung nach einer geeigneten Formel oder Idee zu suchen und bewertet den Erfolg ihrer Suche mit *„Na hier steht aber irgendwie nichts drin."* (VS-VP5-S5 Video [04.23]). Doch dann findet die Versuchsperson die Formel für die Summe der Innenwinkel im Dreieck, welche sie aus der Formelsammlung herausschreibt. Auf derselben Seite der Formelsammlung findet sie Informationen über Stufenwinkel an geschnittenen Parallelen, was sie vermutlich dazu veranlasst, durch Verlängern der Seite AC und der Seite AB über A hinaus und das Einzeichnen einer Parallele zur Seite a durch den Punkt A einen Stufenwinkel des Winkels α in das Ausgangsdreieck einzuzeichnen (Abb. 45).

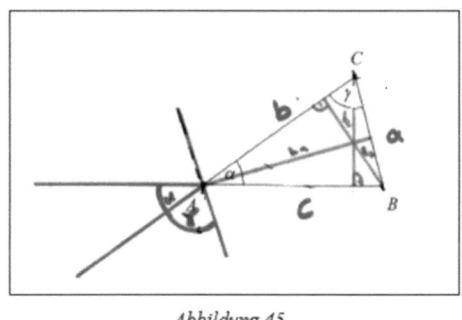

Abbildung 45   Abbildung 46

Anschließend formt sie die Formel über die Innenwinkelsumme nach β um (vgl. Abb. 46). In der Audioreflexion äußert sich die Versuchsperson wie folgt über diesen Lösungsansatz$_1$: *„Ich dachte dann vielleicht was, dass das mit Winkeln... das ist ja α und γ gegeben, dass man dann irgendwie mit den Winkeln, dann irgendwie darauf kommt, das $c^2 = a \cdot (a + b)$ ist."* (VS-VP4-S5 Audio [05.10]). Mit der Äußerung *„Na das bringt einem ja auch irgendwie nichts."* (VS-VP4-S5 Video [10.48]) blickt sie auf ihren vorherigen Lösungsansatz$_1$ zurück und bewertet diesen als nicht zielführend, da sie ja nicht die Voraussetzung, sondern die Zielgleichung beweisen soll: *„Man muss ja nicht beweisen, dass (...) $\gamma = 2\alpha$ ist. Man muss ja eigentlich nur beweisen, dass diese drei Seitenlängen in dieser Beziehung stehen."* (VS-VP4-S5 Video [11.10]).

Nach Abbruch des Lösungsansatzes wendet sich die Versuchsperson wieder ihrer vorherigen Idee der Formel für das Höhen und Seitenverhältnis im allgemeinen Dreieck zu (LA$_2$),

welches sie ebenso in der Formelsammlung in der Rubrik „Sätze im allgemeinen Dreieck"
(Tafelwerk: 30) gefunden hat: „*Je zwei Höhen verhalten sich im Verhältnis umgekehrt wie die*
zugehörigen Seiten des Dreiecks: $\frac{hc}{hb} = \frac{b}{c}$*.* " Nachdem sie das Verhältnis in ihren Aufzeichnungen festgehalten hat und die Höhen der Seiten a, b und c in das Ausgangsdreieck eingezeichnet hat, bewertet sie ihr Vorgehen erneut als nicht zielführend: „*Aber das bringt, glaube*
ich, auch nichts." (VS-VP4-S5 Video [14.04]) und wendet sich wieder der Suche in der
Formelsammlung zu. In der Audioreflexion bemerkt sie über dieses Vorgehen: „*Habe ich*
einfach gedacht: packste die Formelsammlung aus und dann guckste so, was zum allgemei-
nen Dreieck steht und da steht bestimmt irgendwas und das kannste bestimmt irgendwie
gebrauchen (VS-VP4-S5 Audio [16.05]).

Auf Seite 26 der Formelsammlung findet die Probandin den Sinussatz und den Kosinussatz in
Abhängigkeit von c^2, welchen sie in ihren Aufzeichnungen notiert (vgl. Abb. 47) (LA$_{3.1}$).
Ferner schreibt die Versuchsperson die Winkelfunk-
tion $cos = \frac{Ankathete}{Hypothenuse}$ auf und notiert dahinter für
den Kosinus von $cos\,\gamma = \frac{a}{b}$, vermutlich, um den cos
γ im Kosinussatz in Abhängigkeit von c^2 zu ersetzen.
Da sie in diesem Zusammenhang nicht von der
notwendigen Bedingung der Rechtwinkligkeit
ausgeht, um diese **trigonometrische Funktion**

Abbildung 47

anwenden zu können, kann dieses Vorgehen der Versuchsperson als Wissensfehler gewertet
werden (WF$_1$). Dieser Fehler bleibt introspektiv und retrospektiv unbemerkt, wird aber im
folgenden Lösungsverlauf nicht weiter verwendet. Im Weiteren versucht die Versuchsperson
den Term $2 \cdot ab$ des Kosinussatzes anders auszudrücken, indem sie den Sinussatz nach a und
b umformt. Dann setzt sie zunächst $b = \frac{sin\beta \cdot c}{sin2\alpha}$ in den Ausdruck $2 \cdot ab$ ein und ersetzt
anschließend auch a durch $a = \frac{sin\alpha \cdot c}{sin2\alpha}$, wobei sie die Voraussetzung $2\alpha = \gamma$ in ihre Umformungen miteinbezieht. Somit erhält die Versuchsperson für den Term $2 \cdot ab = 2 \cdot \frac{sin\alpha \cdot c}{2 \cdot sin\alpha} \cdot$
$\frac{sin\beta \cdot c}{2 \cdot sin\alpha}$, welchen sie durch Kürzen weiter zu vereinfachen versucht:

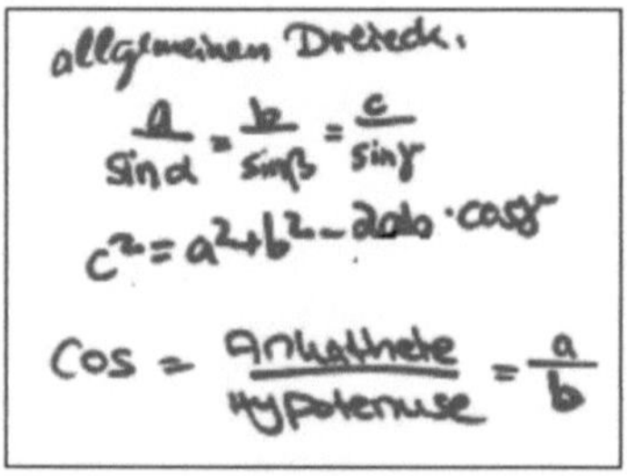

$$2 \cdot \frac{sin\alpha \cdot c}{2 \cdot sin\alpha} \cdot \frac{sin\beta \cdot c}{2 \cdot sin\alpha} = 2 \cdot \frac{sin\alpha \diagup c}{2 \cdot sin\alpha} \cdot \frac{sin\beta \cdot c}{2 \cdot sin\alpha} = \frac{c^2 \cdot sin\beta}{2 \cdot sin\alpha}$$

Bei diesen **Umformungen** stellt die Versuchsperson den Ausdruck $sin\,2\alpha$ fälschlicherweise
als $2 \cdot sin\,\alpha$ dar (FF$_1$). Nach einem Prüfprozess über diesen Lösungsansatz hat die

Versuchsperson Zweifel über die Richtigkeit ihres Vorgehens: *„Ich hab keine Ahnung, ob das stimmt. Und das stimmt bestimmt nicht. ////// Das ist irgendwie schwierig. / Ich glaub, da kommt man nicht weiter. / Ich hätte gedacht, dass man irgendwie dann dieses Cosinus von γ raus kürzt und dann auch noch die Zwei und das b² und das +ab. / Aber das kriege ich irgendwie nicht hin."* (VS-VP4-S5 Video [22.26]). Diese Bemerkung verdeutlicht, dass der Fertigkeitsfehler ansatzweise von der Versuchsperson erkannt wird.

In einem weiteren Lösungsanlauf (LA₄) versucht die Probandin die Zielgleichung aus der Problemstellung anschauungsge-ometrisch darzustellen, indem sie die Seite b über den Punkt C hinaus verlän-gert und eine Parallele zur Seite b in den Eckpunkt b einzeichnet. Da die Ver-suchsperson bemerkt, dass sie mit diesen Hilfslinien kein Quadrat erzeugen kann, ändert sie mit den Worten *„Naja andersherum, ne?!"* (VS-VP4-S5 Video

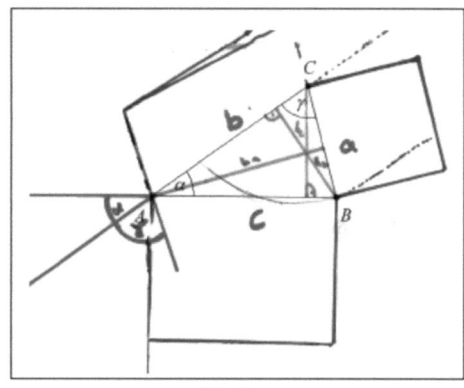

Abbildung 48

[24.31]) ihre Überlegungen und zeichnet anschließend ein Quadrat über der Seite a ein und über den Seiten b und c ein Rechteck (vgl. Abb. 48). In der Audioreflexion erklärt sie dieses Vorgehen: *„Da habe ich mir gedacht, da zeichne ich einfach so die, also dieses a² und b · a und c² ein und dann sieht man schon irgendwie, dass das so sein muss."* (VS-VP4-S5 Audio [24.20]). Da die Probandin vermutlich keine Erkenntnisse aus dieser Darstellung ableiten kann, bricht sie den Lösungsanlauf₄ schnell wieder ab.

Nachfolgend notiert die Probandin die Komplementwinkelbeziehung *sin α* und *sin γ* nach einer erneuten Einsicht in die Formelsammlung (LA₅), welche sie an späterer Stelle um die Komplementwinkelbeziehung von *cos* ergänzt:

$$sinx = \cos(90° - x)$$
$$siny = \cos(90° - \gamma)$$
$$sin\alpha = \cos(90° - \alpha)$$
$$cosx = \sin(90° - x)$$

Aber auch dieser Ansatz wird kurze Zeit später wieder von ihr verworfen: *„Mh, irgendwie. / Mh. / Nützt das alles nichts."* (VS-VP4-S5 Video [25.29]). In der Audioreflexion sagt die Versuchsperson zu diesem Ansatz: *„Und dann habe ich geguckt irgendwie was man noch so für Cosinus schreiben kann, für α und für sin α und wie viel Cosinus Sinus ist und das wusste* *ich ja, das weiß ich ja alles gar nicht. Also musste ich alles nachgucken.* " (VS-VP4-S5 Audio [27.29]).

In der darauffolgenden Phase stellt die Versuchsperson resigniert fest, dass ihr keine weiteren Ideen einfallen: „*Ich weiß nicht, was man da jetzt noch tun könnte. In der Formelsammlung da steht bestimmt irgendwas drin, aber irgendwie kann ich das nicht nutzen.*" (VS-VP4-S5 Video [30.36]). Als die Probandin noch einmal die Problemstellung wiederholt, bewertet sie diese als schwierig. Auch in der Audioreflexion bemerkt sie an dieser Stelle „*also langsam ist man dann schon am verzweifeln an der Aufgabe.*" (VS-VP4-S5 Audio [29.21]).

Rückblickend auf ihren bisherigen Problembearbeitungsprozess kommt die Versuchsperson anschließend auf den Lösungsansatz$_{3.1}$ zurück, indem sie mit dem Sinussatz und dem Kosinussatz arbeitet. Neben dem Kosinussatz in Abhängigkeit von c^2 notiert die Probandin $sin\beta = \frac{a\cdot b}{sin\alpha}$. Anschließend ersetzt sie erneut den Ausdruck $2 \cdot ab$ im Kosinussatz, durch den nach a und b umgeformten Sinussatz von $sin\beta = \frac{a\cdot b}{sin\alpha}$, sowie $cos\,\gamma$ durch die Komplementwinkelbeziehung $cos\gamma = sin(90° - \gamma)$, in welche sie die Voraussetzung $\gamma = 2\alpha$ einsetzt (LA$_{3.2}$). Ihr Vorgehen beschreibt sie mit den Worten: „*Ok, ich versuch das jetzt.*$c^2 = a^2 + b^2 - 2ab \cdot cos\gamma$, *(...) So* $a^2 + b^2$ *lassen wir erstmal so stehen (...) und* $2 \cdot a$ *ist ja* $\frac{sin\alpha\cdot b}{sin\beta}$. *(...)* $b = \frac{sin\beta\cdot a}{sin\alpha}$. " (VS-VP4-S5 Video [38.55]):

$$c^2 = a^2 + b - 2ab \cdot cos\gamma$$
$$= a^2 + b^2 - 2 \cdot \frac{sin\alpha \cdot b}{sin\beta} \cdot \frac{sin\beta \cdot a}{sin\alpha} \cdot cos2\alpha$$
$$= a^2 + b^2 - \frac{2 \cdot sin\alpha \cdot b}{sin\beta} \cdot \frac{sin\beta \cdot a}{sin\alpha} \cdot sin(90° - 2\alpha)$$

Als die Versuchsperson den Ausdruck $sin(90° - 2\alpha)$ mithilfe des Taschenrechners berechnen möchte, stellt sie fest, dass $sin(90°) = 1$ ist und quittiert ihre Rechnungen mit „*Da kommt nichts raus.*" (VS-VP4-S5 Video [43.29]) und notiert stattdessen unter dem Ausdruck $sin(90° - cos2\alpha + sin^{40}$. In der Audioreflexion erklärt sie, dass sie Schwierigkeiten hatte, den Taschenrechner zu bedienen (vgl. VS-VP4-S5 Audio [43.32]).

---

[40] Dieser Ausdruck wird so unvollständig von der Probandin aufgeschrieben.

Anschließend nimmt sie wieder die Formelsammlung zu Rate und hält die Funktion des doppelten Winkels von $cos\,2\alpha$ in ihren Aufzeichnungen fest:

$$cos2\alpha = cos^2\alpha - sin^2\alpha$$
$$= 1 - 2 \cdot sin^2\alpha$$
$$= 2 \cdot cos^2\alpha - 1$$

Ironisch bemerkt sie *„Alles klar. Ist doch logisch, dass das raus kommt. (…) Irgendwie ist das noch nicht so ganz meine Vorstellung, meiner Vorstellung entsprechend. / Summen und Differenzen des doppelten und des halben Winkel. // Ja, ich kann damit ja nicht so viel anfangen. // Versteh ich nicht."* (VS-VP4-S5 Video [45.46]). Daraufhin streicht sie die Komplementwinkelfunktion von $cos2\alpha = \sin(90° - 2\alpha)$ sowie den Ausdruck $\sin(90° - cos2\alpha + sin$[41] wieder durch. In der Audioreflexion kommentiert sie diese Stelle: *„Ja, da habe ich dann irgendwas Komisches gelesen in der Formelsammlung. Irgendwas total Unbegreifliches. Was ich überhaupt nicht verstanden habe. Was ich einfach hingenommen habe, weil ich meine, wenn das in der Formelsammlung steht, dann wird das schon stimmen. (…) Man soll ja nicht so lange überlegen warum das so in der Formelsammlung steht und nicht warum man das nicht versteht, sondern einfach nur benutzen, wenn man nur so wenig Zeit hat."* (VS-VP4-S5 Audio [45.54]). Dennoch notiert sie nach einem weiteren kurzen Blick in die Formelsammlung die Doppelwinkelfunktion von $sin2\alpha$:

$$sin2\alpha = 2 \cdot sin\alpha\,cos\alpha = \frac{2 \cdot tan\alpha}{1 + tan^2\alpha}$$

Diese setzt sie dann in den nach a umgeformten Sinussatz ein und formt diesen weiter um:

$$a = \frac{sin\alpha \cdot c}{2 \cdot sin\alpha\,cos\alpha}$$
$$a = \frac{sin\alpha \cdot c}{sin2\alpha}$$

$$a = \frac{c}{2\,cos\alpha}\ (*)$$

Analog geht die Versuchsperson für den nach c umgeformten Sinussatz vor:

$$c = \frac{sin2\alpha \cdot a}{sin\alpha}$$
$$= \frac{2 \cdot sin\alpha\,cos\alpha \cdot u}{sin\alpha}$$
$$= 2 \cdot cos\alpha \cdot a\ (**)$$

---

[41] Dieser Term wird von der Versuchsperson so angegeben.

Die Gleichung (*) wird dann für a in den Kosinussatz eingesetzt und anschließend $cos2\alpha$ durch die Funktion des doppelten Winkels ersetzt:

$$c^2 = \left(\frac{c}{2\,cos\alpha}\right)^2 + b^2 - 2\left(\frac{c}{2\,cos\alpha}\right) \cdot b \cdot cos2\alpha$$

$$c^2 = \left(\frac{c}{2\,cos\alpha}\right)^2 + b^2 - 2\left(\frac{c}{2\,cos\alpha}\right) \cdot b \cdot cos^2\alpha - sin^2\alpha$$

Dann ersetzt die Versuchsperson den Ausdruck $cos^2\alpha - sin^2\alpha$ jedoch durch $2 \cdot cos^2\alpha - 1$ und formt die Gleichung weiter um:

$$c^2 = \left(\frac{c}{2cos\alpha}\right)^2 + b^2 - 2\left(\frac{c}{2cos\alpha}\right) \cdot b \cdot 2 \cdot cos^2\alpha - 1$$

$$= \frac{c^2}{4 \cdot cos\alpha^2} + b^2 - \frac{2 \cdot c \cdot b \cdot cos^2\alpha - 1}{2 \cdot cos\alpha}$$

Erneut wird der Ausdruck $2 \cdot cos^2\alpha - 1$ durch $cos^2\alpha - sin^2\alpha$ ersetzt:

$$= \frac{c^2}{4 \cdot cos\alpha^2} + b^2 - \frac{2 \cdot c \cdot b \cdot cos^2\alpha - sin^2\alpha}{2 \cdot cos\alpha}$$

Dann setzt sie die Gleichung (**) für c in den Kosinussatz ein und **kürzt einen Term** der entstandenen Gleichung mit $cos\,\alpha$ fehlerhaft (FF$_2$):

$$= \frac{c^2}{4 \cdot cos\alpha^2} + b^2 \frac{\textcircled{2}\,cos\alpha \cdot a \cdot b \cdot cos^2\alpha - sin^2\alpha}{cos\alpha}$$

$$= \frac{c^2}{4 \cdot cos\alpha^2} + b^2 - 2 \cdot a \cdot b \cdot cos^2\alpha - sin^2\alpha$$

Dann notiert sich die Versuchsperson den umgeformten Sinussatz nach b:

$$b = \frac{sin\beta \cdot a}{sin\alpha} \;(***)$$

Diese Gleichung (***) setzt sie für b in den Kosinussatz und für a die Gleichung (*) ein und vereinfacht die Gleichung weiter:

$$= \frac{c^2}{4 \cdot cos\alpha^2} + \frac{sin^2\beta \cdot a^2}{sin^2\alpha} - 2 \cdot \frac{c}{2 \cdot cos\alpha} \cdot \frac{sin\beta \cdot a}{sin\alpha} \cdot cos^2\alpha - sin^2\alpha$$

$$= \frac{c^2}{4 \cdot cos\alpha^2} + \frac{sin^2\beta \cdot a^2}{sin^2\alpha} - \frac{c \cdot sin\beta \cdot a \cdot cos^2\alpha - sin^2\alpha}{cos\alpha \cdot sin\alpha}$$

In der Audioreflexion reflektiert sie ihr Vorgehen in diesem Lösungsansatz$_{3.2}$: *„Dann hab ich überlegt und umgeformt. Aber ich glaube nicht, dass das irgendwas gebracht hätte. (...) Ich hab dann einfach irgendwas versucht, damit ich da irgendwie irgendeine Lösung kriege. Die ich nicht bekommen habe. (...) Das war dann irgendwann so viel Sinus und Cosinus und α* *und β und γ und Quadrat und nicht Quadrat und irgendwie total unübersichtlich. (...) Und ja, da dachte ich dann: toll und das soll jetzt c² ergeben. Na prima. /// Ja, alles drunter und drüber und Sinus und Cosinus und ja, also. Ich würd sagen, das führt nicht zum Ergebnis. Da gibt es bestimmt eine einfachere Lösung.* " (VS-VP4-S5 Audio [49.10]).

Nach einer Stunde geht die Bearbeitungszeit der Problemstellung zu Ende und die Versuchsperson kann sich nur noch zu ihrem weiteren Vorgehen äußern: *„Ok. ///// das muss ich irgendwie so raus kürzen, dass nur noch c² übrig bleibt. "* (VS-VP4-S5 Video [1.00.26]).

Während des Problemlöseprozesses lassen sich verschiedene Strategiefehler identifizieren, welche globalen Charakter aufweisen. Zum einen lässt sich als lösungshemmende Vorgehensweise der Versuchsperson anführen, dass sie sich bei ihrer Lösungssuche stark an der Formelsammlung orientiert und daher sehr einseitig vorgeht (SF_1). Die **„Asymmetrie der Lösungssuche"** nach (Heinrich 2010) wirkt sich als lösungshinderlich auf den Lösungsprozess aus, weil die Versuchsperson auf die Formelsammlung fixiert ist und eigene Ideen und Einfälle nicht in ihre Lösungsanläufe einfließen lässt. Im realen Handlungsvollzug und in der Audioreflexion begründet sie die Nutzung der Formelsammlung damit, dass sie gehofft hat etwas Nützliches zu finden, was sie für die Lösung der Problemstellung gebrauchen kann (vgl. VS-VP4-S5 Video [30.36], Audio [03.52]). An späterer Stelle der Videoaufzeichnung äußert sie sich aber kritisch zu dieser Vorgehensweise *„Ach, keine Ahnung. Irgendwie habe ich da keine Idee. Das bringt ja auch irgendwie nichts wenn das, wenn ich das alles was in der Formelsammlung steht. Weiß nicht, wie soll man das denn dann. "* (VS-VP4-S5 Video [34.58]). Durch diese Bemerkung der Versuchsperson wird aus Expertensicht gewertet, dass sie diesen Strategiefehler₁ im Ansatz erkannt hat. Mit diesem Strategiefehler1 geht eine weitere **„Asymmetrie der Lösungssuche"** nach Heinrich (2010) einher, in Bezug auf die Fokussierung der Versuchsperson auf den Umgang mit Formeln (SF_2). Die Probandin verfolgt vor allem algebraisch-arithmetische Zugänge, der anschauungsgeometrische Anlauf (LA_4) verbleibt in oberflächlicher Betrachtung. Dieser Strategiefehler₂ ist an den Strategiefehler₁ gekoppelt, weil die Probandin fast ausschließlich Formeln aus dem externen Wissensspeicher nutzt. Dieser Strategiefehler₂ bleibt sowohl im realen Handlungsvollzug, als auch in der anschließenden retrospektiven Auseinandersetzung unentdeckt. Als weitere defizitäre Vorgehensweise der Versuchsperson konnte das **„Unübersichtliche Anfertigen der Aufzeichnungen"** nach Schmitz (2011) identifiziert werden (SF_3). Zu diesem Strategiefehler₃ zählen unter anderem, dass Zeichnungen ungenau sind und z.T. per Augenmaß vorgenommen werden, die Versuchsperson im Lösungsansatz₃.₂ mit Kugelschreiber schreibt, aber auch, dass die einzelnen Lösungsansätze kreuz und quer auf dem Aufgabenblatt verteilt sind und z.T. ineinander geschrieben sind (vgl. Strukturierte

Aufzeichnungen der VP4). In der Audioreflexion bemerkt sie dieses defizitäre Vorgehen: *„irgendwie total unübersichtlich"* (VS-VP4-S5 Audio [52.47]), *„Ist mir gar nicht aufgefallen, dass ich auch die ganze Zeit mit Kugelschreiber geschrieben hab, obwohl ich ja eigentlich mit Edding schreiben wollte./ Aber irgendwie habe ich das nicht gemerkt. Ich war so vertieft in mein Sinus-Cosinus-ABC, α-β-γ-Term."* (VS-VP4-S5 Audio [57.57]).

5.4.2 IDENTIFIZIERTE FEHLER DER VERSUCHSPERSON

Die identifizierten Defizite werden in der folgenden Tabelle überblicksartig zusammengefasst:

Fehlerbeschreibung	Fehlerart nach Geering	Reichweite des Defizites	Umgang mit Fehler	
			Video	Audio
VP wendet die Winkelfunktion von $\cos \gamma$ im Ausgangsdreieck an	WF_1	Lokal in Lösungsansatz$_{3.1}$	K_A (24.03)	-
VP formt den Winkel $\cos 2\alpha$ zu $2 \cdot \cos\alpha$ um	FF_1	Lokal in Lösungsansatz$_{3.1}$	$E^U K_A$ (22.26)	-
VP kürzt Bruchgleichung fehlerhaft	FF_2	Lokal in Lösungsansatz$_{3.2}$	K_G	-
Asymmetrie der Lösungssuche (Formelsammlung)	SF_1	Global	E^U (34.58)	-
Asymmetrie der Lösungssuche (Fokussierung auf Formeln)	SF_2	Global	-	-
Unübersichtliches Anfertigen der Aufzeichnungen - Überblick	SF_3	Global	-	E^V (52.47)

In der schematischen Darstellung wird die Reichweite der Defizite kenntlich gemacht:

Lösungsansatz$_1$	SF$_1$ SF$_2$ SF$_3$								
Lösungsansatz$_2$		SF$_1$ SF$_2$ SF$_3$							
Lösungsansatz$_{3.1}$			WF$_1$ FF$_1$ SF$_1$ SF$_2$ SF$_3$						
Lösungsansatz$_4$				SF$_1$ SF$_2$ SF$_3$					
Lösungsansatz$_5$					SF$_1$ SF$_2$ SF$_3$				
Lösungsansatz$_{3.2}$						FF$_1$ SF$_1$ SF$_2$ SF$_3$			

5.4.3 STRUKTURIERTE AUFZEICHNUNGEN DER VERSUCHSPERSON[42]

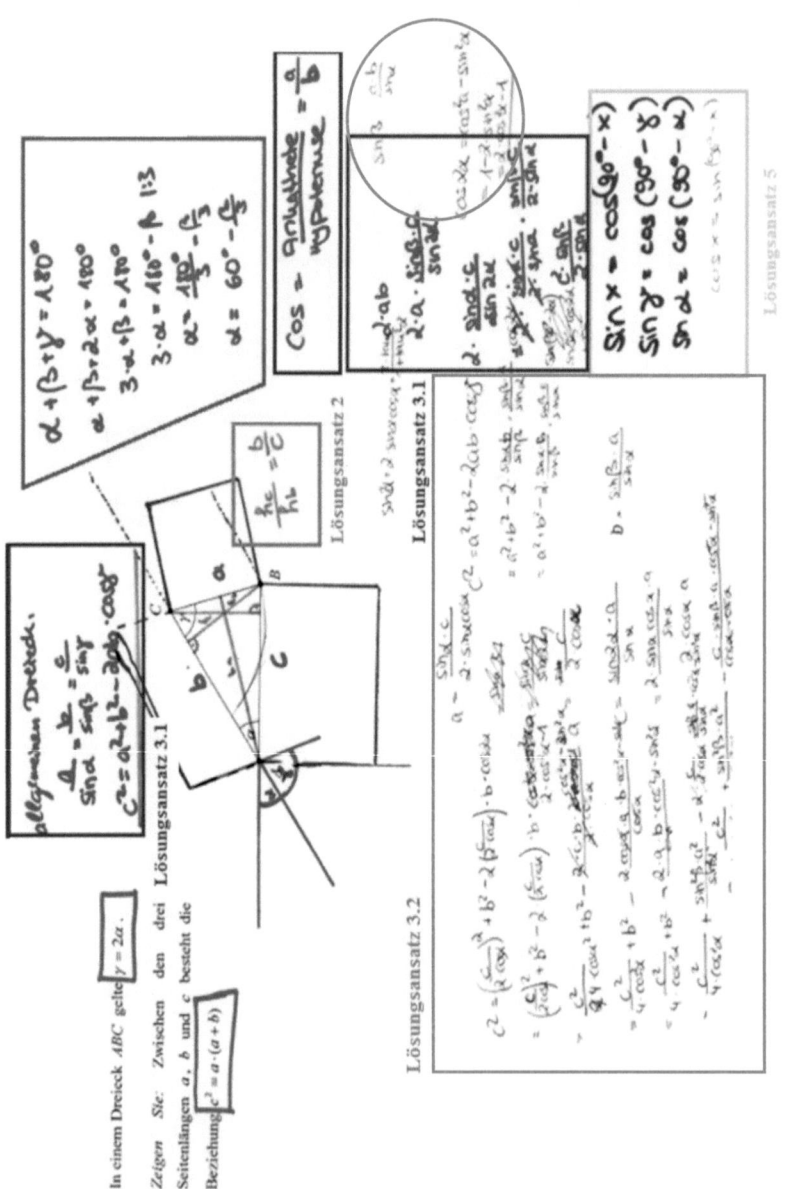

In einem Dreieck ABC gelte $\gamma = 2\alpha$.

Zeigen Sie: Zwischen den drei Seitenlängen a, b und c besteht die Beziehung $c^2 = a \cdot (a+b)$.

---

[42] Der Lösungsansatz₄ wurde aus Gründen der Übersichtlichkeit von der Autorin nicht kenntlich gemacht.

104

5.5 VERSUCHSPERSON 5

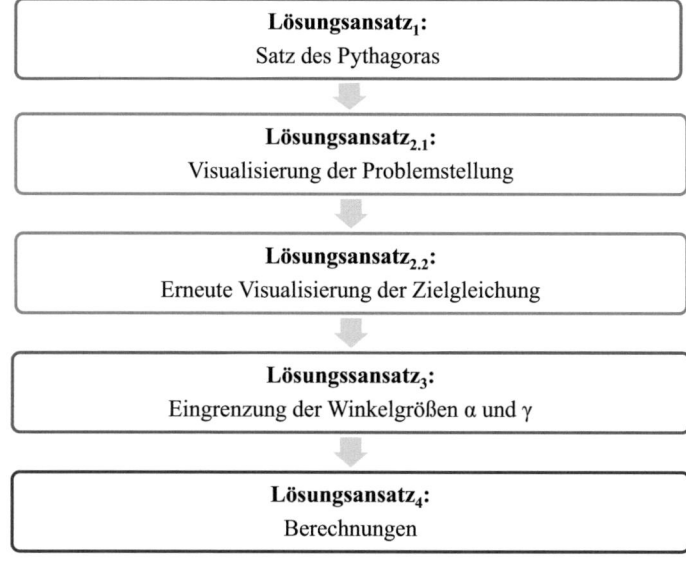

Lösungsansatz$_1$:
Satz des Pythagoras

Lösungsansatz$_{2.1}$:
Visualisierung der Problemstellung

Lösungsansatz$_{2.2}$:
Erneute Visualisierung der Zielgleichung

Lösungssansatz$_3$:
Eingrenzung der Winkelgrößen α und γ

Lösungsansatz$_4$:
Berechnungen

Abbildung 49: Stufendiagramm der einzelnen Lösungsansätze der Versuchsperson 5

5.5.1 BESCHREIBUNG DES PROBLEMBEARBEITUNGSPROZESSES DER VERSUCHSPERSON

Der Problembearbeitungsprozess der Versuchsperson 5 ist durch lange Analysephasen zwischen den einzelnen Lösungsansätzen gekennzeichnet, in denen der Proband nach Ansatzpunkten und Ideen zur Lösung der Problemstellung sucht. Als Hilfsmittel dient dem Probanden vor allem die Formelsammlung, welche stetig Einzug in seine Lösungsbemühungen findet.

Die Versuchsperson beginnt ihren Bearbeitungsprozess durch die Beschriftungen der Seiten des Ausgangsdreiecks ABC. Aus der Zielgleichung der Problemstellung leitet die Versuchsperson den Satz des Pythagoras ab, welchen sie in ihren Aufzeichnungen festhält (LA_1): $a^2 + b^2 = c^2$. Dabei fällt ihr der Name des Satzes nicht ein *„Was aus der Formel heraus sehen kann ist ja, das ... jetzt habe ich den Namen vergessen. Also $a^2 + b^2 = c^2$."* (VS-VP5-S5 Video [00.50]). Dieses **Nichtwissen** wird als Wissensfehler (WF_1) identifiziert. Auf die

Bedingung, dass dieser nur bei rechtwinkligen Dreiecken angewendet werden darf, geht die Versuchsperson an dieser Stelle des Problembearbeitungsprozesses nicht ein.

Im Weiteren sieht die Versuchsperson eine Verbindung des Satzes des Pythagoras mit der Zielgleichung und multipliziert die Zielgleichung $c^2 = a \cdot (a + b)$ zu $c^2 = a^2 + ab$ aus. Daraufhin nimmt sich die Versuchsperson die Formelsammlung zur Hand, um in dieser nach weiteren Lösungsideen zu suchen. Durch die Äußerung *„Rechtwinklige Dreiecke"* (VS-VP5-S5 Video [14.42]), welche sie während ihrer Suche in der Formelsammlung wiederholt, kann vermutet werden, dass sie nach weiteren Informationen über rechtwinklige Dreiecke sucht. Anhand seiner Analyse bemerkt der Proband nach kurzer Zeit, dass das Ausgangsdreieck *„definitiv kein rechtwinkliges Dreieck"* ist (VS-VP5-S5 Video [05.19]) und daher auch der Satz des Pythagoras nicht angewendet werden darf. Diese Feststellung scheint der Versuchsperson weiterer Ideen zur berauben, welche sie nach weiterer Suche ernüchtert feststellt: *„Mir fällt ... mal sagen, mir fällt echt nichts ein. [legt die Formelsammlung zur Seite] / das einzige was mir grad so aufgefallen ist, dass der Satz des Pythagoras eigentlich ja für rechtwinklige Dreiecke angewandt werden kann. ... [blättert in der Formelsammlung] Rechtwinklige Dreiecke."* (VS-VP5-S5 Video [13.21]). In der Audioreflexion wiederholt die Versuchsperson, dass sie sich nicht sicher war, ob man bei diesem Dreieck den Satz des Pythagoras anwenden kann: *„Weil ich glaub, weil man es ja glaub ich, soweit nur bei rechtwinkligen Dreiecken anwenden kann."* (VS-VP5-S5 Audio [03.00]). Diese Äußerungen lassen darauf schließen, dass sie den Wissensfehler$_1$ erkannt und im Ansatz analysiert hat.

In einem weiteren Lösungsansatz versucht die Versuchsperson die Problemstellung $c^2 = a^2 + ab$ anschauungsgeometrisch als Flächeninhalte geometrischer Figuren darzustellen (LA$_{2.1}$):*„Mh, hier ein ... [zeichnet ein Quadrat an die Seite a] dann hier eins. [zeichnet ein Rechteck an die Seite c] Richtig? Und hier. [zeichnet ein Rechteck an die Seite b]"* VP-VP5-S5 Video [15.20]). Dabei zeichnet sie den Term a^2 als Flächeninhalt eines Quadrates an der Seite a und den Term ab als Flächeninhalt eines Rechtecks an der Seite b in das Ausgangsdreieck ein. Der Term c^2 wird dagegen fälschlicherweise ebenfalls als Flächeninhalt eines Rechtecks an der Seite c dargestellt (vgl. Abb. 50).

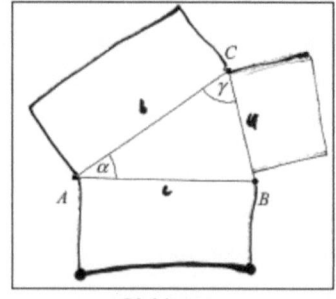

Abbildung 50

Dieser Fehler wird als **Wissensdefizit über den Flächeninhalt geometrischer Figuren (WF$_2$)** mit lokaler Auswirkung identifiziert und bleibt introspektiv und retrospektiv unbemerkt.

Nachdem weitere Ideen ausbleiben, wendet sich der Proband erneut der Suche in der Formelsammlung zu, welche er nur kurzzeitig durch die Interpretation der Voraussetzung unterbricht: *„Das [meint den Winkel γ] ist doppelt so groß wie α."* (VS-VP5 S5 Video [17.51]).

Anschließend erfolgt eine weitere geometrische Deutung der Problemstellung $c^2 = a^2 + ab$, in welcher die Terme a^2 und ab nochmals als Flächeninhalte geometrischer Figuren dargestellt werden (LA$_{2.2}$). Allerdings wird der Term c^2 nicht noch einmal dargestellt (vgl. Abb. 51). Dieses Vorgehen weist darauf hin, dass der Wissensfehler$_2$ von der Versuchsperson im realen Handlungsvollzug nicht erkannt wird. Da die Versuchsperson erneut die Idee der anschauungsgeometrischen Darstellung der Problemstellung $c^2 = a^2 + ab$ aus dem Lösungsansatz$_{2.1}$ aufgreift, wird diese wiederholte Herangehensweise an die Lösungsfindung aus Expertensicht

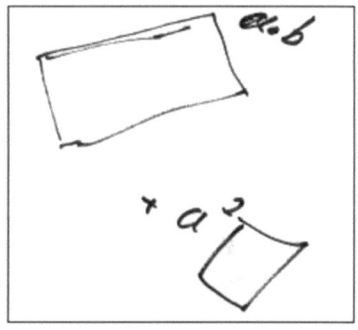

Abbildung 51

als Strategiefehler identifiziert (SF$_1$). Obwohl die Versuchsperson etwas tut, bleibt sie an derselben Stelle des Problembearbeitungsprozesses stehen, an der sie vor Beginn dieses Lösungsansatzes$_{2.2}$ bereits angekommen war, ohne der Lösung des Problems einen Schritt näher zu kommen. Dieses Vorgehen weist auf die Kategorie **„Doppelungen im Vorgehen"** von Alexy (2009) in Bezug auf das unbewusste Wiederholen von Lösungsanläufen hin. Dieser Strategiefehler$_1$ wird als eher lokalwirkend im Problembearbeitungsprozess angesehen, weil die Versuchsperson diesen Lösungsansatz$_2$ abbricht. Während des realen Handlungsvollzuges und bei der anschließenden Audioreflexion bleibt dieser unbemerkt.

In einem weiteren Lösungsansatz grenzt die Versuchsperson die Winkelgrößen von α und γ durch Einbeziehen der Voraussetzung $γ = 2α$ ein (LA$_3$). Dabei kommt sie zu der Feststellung, dass $α < 45°$ und $45° < γ < 90°$ sein muss (vgl. Abb. 52), welche sie in ihren schriftlichen Aufzeichnungen festhält. Woher die Annahmen dieser Eingrenzungen stammen, bleibt unbekannt, da sich die Versuchsperson nicht über die Beweggründe äußert: *„α ist ja kleiner als 45° [schreibt hin: α < 45°] und / ja, γ ist ja doppelt so groß also auch, mh kleiner als 90°. So. aber größer als 45°[schreibt darunter: 45° < γ < 90°]."* (VS-VP5-S5 Video [25.27]).

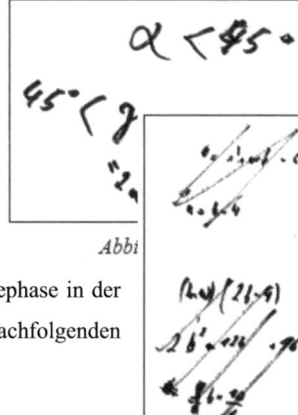

Abbi

Auf diesen Lösungsansatz$_3$ folgt erneut eine lange Analysephase in der Formelsammlung, bis die Versuchsperson im nachfolgenden

Abbildung 53

Lösungsanlauf$_4$ mit Berechnungen beginnt, welche man aber aufgrund von Unleserlichkeit schlecht erkennen und entziffern kann (vgl. Abb. 53). Die Aufzeichnungen werden aber nach kurzer Zeit von der Versuchsperson wieder durchgestrichen und der Lösungsansatz$_4$ abgebrochen. Woraus die Berechnungen resultieren, wird durch die lautsprachlichen Äußerungen der Versuchsperson nicht deutlich. Rückblickend wird lediglich bekannt, dass sie versucht hat, eine Seite des Ausgangsdreiecks zu bestimmen: *„ ... Ich wollt gucken, ob das, ob ich das überhaupt hinkriege mit dem was... wenn man nur eine Seite angegeben hat, die beiden anderen rauszukriegen. Aber irgendwie. / Ist es auch unwichtig."* (VS-VP5-S5 Video [39.08]). Nachdem die Versuchsperson im Anschluss eine weitere Zeit lang in die Formelsammlung schaut, bricht sie die Lösungssuche kommentarlos nach knapp 43 Minuten ab und verlässt das Medienlabor.

Als globalwirkender Strategiefehler lässt sich in diesem Lösungsprozess erneut das **„Unübersichtliche Anfertigen der Aufzeichnungen"** (Schmitz 2011) anführen, welcher sich u.a. an den Zeichnungen der geometrischen Figuren in den Lösungsansatz$_{2.1}$ und Lösungsansatz$_{2.2}$ ohne Geodreieck per Augenmaß zeigt (vgl. Abb. 50 und Abb. 51). Zudem fehlt jegliche Strukturierung der Aufzeichnungen während der Problembearbeitung, was sich als defizitär auf die Lösungssuche auswirkt, weil es diese zusätzlich erschwert (SF$_2$).

Zudem wirkt sich die **„Asymmetrie der Lösungssuche"** (Heinrich 2010) durch die starke Lösungssuche in der Formelsammlung als lösungshemmend auf den Problembearbeitungs-prozess der Versuchsperson aus. In dieser sucht sie während des ganzen Problembearbei-tungsprozesses nach Ansatzpunkten und Ideen zur Lösung des Problems (SF$_3$). Denn abgese-hen von den Formeln aus dem externen Wissensspeicher, wird durch die Aussagen der Probandin deutlich, dass sie keinerlei Einfälle und Ideen während der Lösungssuche hatte: *„Mir fehlt total dieser erste Schritt, also wo ich jetzt, irgend so ein erster Ansatzpunkt."* (VS-VP5-S5 Video [31.03]). In der Audioreflexion äußert sie sich über die Suche in der Formel-sammlung wie folgt: *„Da hab ich mir halt gedacht, dass, na, dass ich vielleicht irgendwie durch, na das Rumblättern irgendeine Formel finden könnte, was einem weiter helfen kann."* (VS-VP5-S5 Audi [02.40]). Zudem geht die Versuchsperson an mehreren Stellen der Audio-reflexion darauf ein, dass sie keine Idee oder Lösung für die Problemaufgabe gehabt hätte: *„Ich habe ehrlich gesagt, keine wirkliche Lösung gehabt oder überhaupt eine Idee, wie es sein könnte (...) Ja, da habe ich das, was ich, die ... ich irgendwie habe, da hingeschrieben. Aber immer noch keine Idee für einen Satz oder sowas."* (VS-VP5-S5 Audio [21.29]). Daher wird diesem Strategiefehler$_3$ globale Wirkung auf den Bearbeitungsprozess zugewiesen.

Möglichen Einfluss auf diesen Strategiefehler$_3$ können die „**langen Analysephasen**" während der Problembearbeitung gehabt haben, die in keiner Lösungsidee münden(SF$_4$). Dieses Vorgehen wirkt sich als lösungshinderlich auf den Problembearbeitungsprozess aus, weil sie das Lösungsgeschehen nicht voranbringen und die Versuchsperson eine Weiterentwicklung der Ansatzpunkte aus der Formelsammlung nicht vornimmt, weil keine neuen Ideen und Erkenntnisse der Versuchsperson in die Bearbeitung eingebracht werden. Wagner (2013) bezeichnet in seiner Erkundungsstudie den beschriebenen Vorgehensweisen entsprechenden Fehlertyp mit *„lange lösungsstagnierende Analysephasen"* (vgl. Kap. 2.4.2, Strategiefehler 17) Da der gesamte Lösungsprozess der Versuchsperson durch lange Analysephasen gekennzeichnet ist, welche immer wieder zwischen den einzelnen Lösungsansätzen auftreten, wird er als globalwirkend gewichtet.

Von den drei Strategiefehlern mit globaler Reichweite erkennt der Proband während des realen Handlungsvollzuges und auch in der anschließenden Audioreflexion keinen dieser Fehler.

5.5.2 Identifizierte Fehler der Versuchsperson

In der folgenden Tabelle werden die identifizierten Defizite der Versuchsperson 5 aufgeführt:

Fehlerbeschreibung	Fehlerart nach Geering	Reichweite des Defizites	Umgang mit Fehler	
			Video	Audio
Satz des Pythagoras	WF_1	Lokal in $Lösungsansatz_1$	$E^V A^V K_A$ (05.18)	$E^V A^U K_A$ (02.59)
Flächeninhalt des Terms „c^2" der Zielgleichung	WF_2	Lokal in $Lösungsansatz_{2.1}$	K_A (25.27)	-
Doppelungen im Vorgehen	SF_1	Lokal in $Lösungsansatz_{2.1}$ und $Lösungsansatz_{2.2}$	K_A (25.27)	-
Unübersichtliches Anfertigen der Aufzeichnungen	SF_2	Global	-	-
Asymmetrie der Lösungssuche (Formelsammlung)	SF_3	Global	-	-
Viele, lange Analysephasen	SF_4	Global	-	-

In der schematischen Darstellung wird die Reichweite der Defizite deutlich gemacht:

$Lösungsansatz_{1.1}$	WF_1 SF_2 SF_3 SF_4				
$Lösungsansatz_{2.1}$		WF_1 SF_1 SF_2 SF_3 SF_4			
$Lösungsansatz_{2.2}$			SF_1 SF_2 SF_3 SF_4		
$Lösungsansatz_3$				SF_2 SF_3 SF_4	
$Lösungsansatz_4$					SF_2 SF_3 SF_4

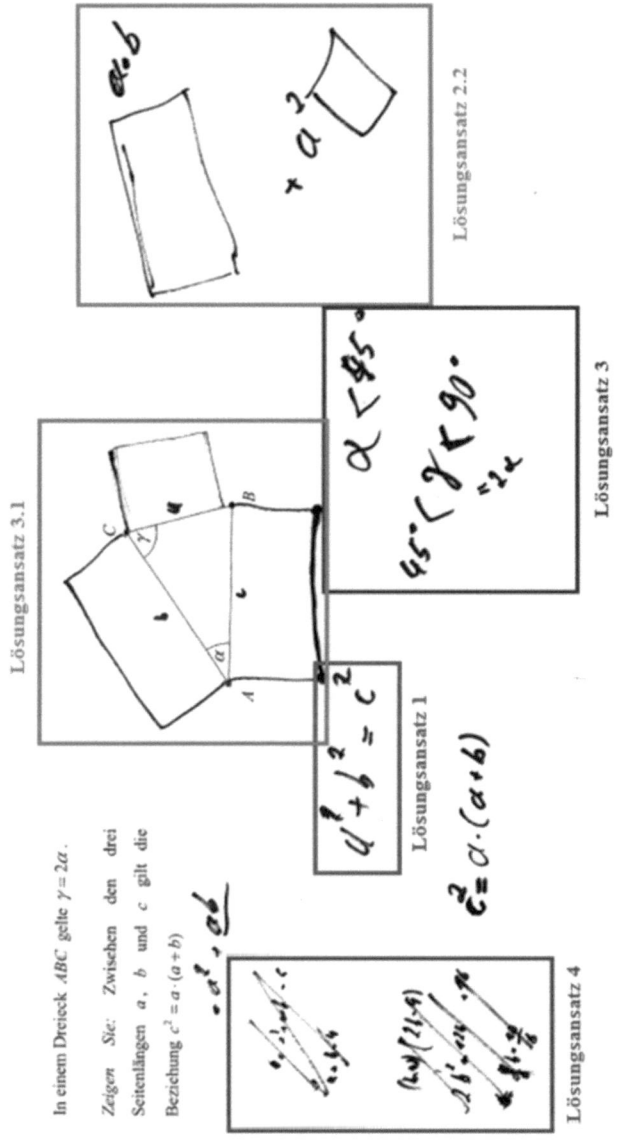

6. ZUSAMMENFASSUNG DER BEFUNDE

Im diesem Kapitel werden die Befunde der Problembearbeitungsprozesse von den fünf Versuchspersonen hinsichtlich der wissenschaftlichen Fragestellung (vgl. Kap. 3) dargestellt. Zunächst wird dabei auf die erste Frage *„Welche (Art) Fehler verhindern oder behindern das Finden einer Lösung?"* eingegangen und die identifizierten Defizite aufgezeigt, welche aus Expertensicht eine lösungshemmende Wirkung auf den Lösungsprozess aufweisen. Bei der Zusammenfassung werden dabei zunächst die aufgetretenen Strategiefehler untersucht und dann die Wissens- und Fertigkeitsfehler betrachtet, was aufgrund der Häufigkeit des Auftretens der Fehlerarten nach Geering (1995) innerhalb dieser Studie für sinnvoll erachtet wird.

Zudem werden die Befunde im Kontext der zweiten Frage *„Was leisten Lernende aus eigener Kraft im Finden von Fehlern? Welche (Art) eigener Fehler werden von den Lernenden erkannt? A) im realen Handlungsvollzug, B) in retrospektiver Betrachtung"* erläutert. Im nachfolgenden Unterkapitel werden daraus resultierende vorläufige didaktische Überlegungen der Untersuchungsergebnisse dargelegt.

6.1 HAUPTBEFUNDE DER EMPIRISCHEN UNTERSUCHUNG

Im Zuge dieses Untersuchungsrahmens wurden in den Problembearbeitungsprozessen der Versuchspersonen ein Großteil[43] der Strategiefehlerarten identifiziert, welche auch in Untersuchungen von Heinrich (2010), Alexy (2009), Strecker (2013), Wagner (2013), Beese (2011) und Schmitz (2011) aufgetreten sind. Zudem konnte die von Schaub (2010) charakterisierte „fehlende Zielbalancierung" als weitere Strategiefehlerkategorie in den Problembearbeitungsprozessen identifiziert werden. Die Vermutung, dass dieser Fehler auch in Problembearbeitungsprozessen mit mathematischem Bezug auftritt, konnte also bestätigt werden. Daher kann diese Fehlerart der Liste der strategischen Defizite (vgl. Kap. 2.4.2) hinzugefügt werden. Außerdem wird die Strategiefehlerkategorie 18 „Verkomplizierung der Problemsituation" von Wagner (2013) erweitert. Dieser Strategiefehlerart wird zugeordnet, wenn die Versuchsperson die Lösungssuche unnötig erschwert (vgl. VP 3).

In der zusammenfassenden Tabelle soll das Auftreten der, unter Kapitel 2.4.2. aufgeführten, Fehlerkategorien in den Problembearbeitungsprozessen der Versuchspersonen veranschaulicht werden. Global (X) und lokalwirkende (x) Defizite werden entsprechend gekennzeichnet.

---

[43] 13 von 19 Fehlerkategorien.

Fehlerkategorie (Kap. 2.4.2)	VP1	VP2	VP3	VP4	VP5	$\sum F$
1. Fehlerhafte Komponenten werden ungeprüft weiterverwendet	-	X	-	-	-	1
2. Die Lösungssuche erfolgt nicht methodenbewusst	X	X	X	-	-	3
3. Eigenschaften eines Sachverhalts werden unvollständig ausgeschöpft	X	-	-	-	-	1
4. Asymmetrie der Lösungssuche	X	X	XX	XX	X	7
5. Zwischenergebnisse werden nicht gespeichert	-	-	-	-	-	-
6. Probierende Lösungsverfahren werden nicht benutzt	-	-	-	-	-	-
7. Lösungsbedingung wird nicht/unzureichend einbezogen	x	-	-	-	-	1
8. Trächtige Lösungsidee wird nicht/unzureichend fortentwickelt	-	-	x	-	-	1
9. Vorerfahrungen werden unreflektiert übertragen	-	-	-	-	-	-
10. Unangemessene Kontrollstrategien	-	-	-	-	-	-
11. Springen an der Oberfläche	X	X	-	-	-	2
12. Doppelungen im Vorgehen	-	-	-	-	x	1
13. Unübersichtliches Anfertigen der Aufzeichnungen	-	-	-	X	X	2
14. Unsicherer Umgang mit heuristischen Mitteln	-	-	-	-	-	-
15. Funktionale Gebundenheit	-	X	-	-	-	1
16. Verbotsirrtum	-	-	x	-	-	1
17. Lange Analysephasen	-	-	-	-	X	1
18. Verkomplizierung der Problemsituation	-	-	X	-	-	1
19. Ungeeignete Einbeziehung eines Elements der Problemsituation	-	-	-	-	-	-
20. Fehlende Zielbalancierung	x	-	X	-	-	2
Gesamte Strategiefehleranzahl	6	5	7	3	4	25
Globale Strategiefehleranzahl	3	4	5	3	3	18
Lokale Strategiefehleranzahl	3	1	2	-	1	7

In dieser Übersicht wird deutlich, dass der Strategiefehler „Asymmetrie der Lösungssuche" (vgl. Heinrich 2010: 37) in allen Problembearbeitungsprozessen auftrat (SF4). Bei zwei

Versuchspersonen (VP3 und VP4) wurde dieser sogar doppelt identifiziert. Die Einseitigkeit im strategischen Vorgehen betraf dabei verschiedene Ebenen. Bei allen Versuchspersonen bezog sich diese auf die „Verwendung heuristischer Hilfsmittel". Während der Lösungssuche konnte bei allen Versuchspersonen eine starke Orientierung an der Formelsammlung festgestellt werden, welche vermutlich auf Wissensdefizite (VP1), fehlende Ideen (VP2, VP4, VP5) und dem überwiegenden Arbeiten mit Formeln aus der Formelsammlung (VP4) zurückzuführen ist. Darüber hinaus konnte bei Versuchsperson 3 eine Asymmetrie im Hinblick auf die „Neuartigkeit von Lösungsanläufen" identifiziert werden, da die Probandin einen Lösungsanlauf trotz lang andauernder Erfolglosigkeit über weite Strecken des Problembearbeitungsprozesses weiter verfolgte, obwohl sie sich über ihre Schwierigkeiten mit diesem Ansatz bewusst war. Die Lösungssuche der Versuchsperson 4 liefert eine Einseitigkeit in Bezug auf die „Sichtweise und Behandlung" der Problemstellung, welche durch ein dominierendes Arbeiten mit arithmetisch-algebraischen Zugängen gekennzeichnet war. Die „Asymmetrie der Lösungssuche" trat in allen Problembearbeitungsprozessen als globalwirkendes Defizit auf.

Außerdem konnte bei drei Versuchspersonen das Defizit „fehlendes Methodenbewusstsein" (Heinrich 2010, SF2) festgestellt werden, welcher in beiden Fällen als globaler Fehler gewertet wurde. Die Versuchspersonen gehen von den konkreten Werten der Zeichnung der Problemstellung aus, welche sie in die Zielgleichung der Problemstellung einsetzen (VP1, VP2, VP3). Die Orientierung an der Zeichnung und an konkreten Werten wirkt sich als strategisch defizitär aus, weil es zu falschen Annahmen seitens der Versuchspersonen führt. Zum einen in Bezug auf die Allgemeingültigkeit des Beweises (VP1) und zum anderen über die Gleichschenkligkeit des Ausgangsdreiecks (VP2). Ferner zeigt sich während der Lösungssuche von Versuchsperson 1, dass sie die Methode des „Rückwärtsarbeitens" anwendet, ohne zu wissen, was diese zu leisten vermag. Dieser Fehler ist an den Strategiefehler „fehlende Zielbalancierung" (SF 20) gekoppelt, da die Versuchsperson keine zielführende Umformungen vornimmt. Bei Versuchsperson 3 äußerte sich dieser Fehler in der unreflektierten Wahl der Variablenbezeichnungen.

Außerdem konnten als häufig auftretende globale Strategiefehler das „Springen an der Oberfläche" (SF11) im Problembearbeitungsprozess der Versuchspersonen 1 und 2, sowie das „Unübersichtliche Anfertigen der Aufzeichnungen" (SF13) bei den Probanden 4 und 5 identifiziert werden. Zudem kam das Defizit „Fehlende Zielbalancierung" einmal lokal (VP1) und einmal mit globaler Reichweite (VP5) vor.

Die lokal aufgetretenen Strategiefehler kamen in den Lösungsprozessen der Versuchspersonen nur vereinzelt vor.

Vergleiche zwischen den einzelnen Problembearbeitungsprozessen zeigen die Unterschiede der einzelnen Lösungsanläufe und Ideen und die daraus resultierenden Defizite der Versuchspersonen auf. Zwar lassen sich Gemeinsamkeiten der Lösungssuche feststellen, so haben nahezu alle Versuchspersonen eine Visualisierung der Problemstellung vorgenommen (VP1, VP2, VP4 und VP5 (Zielgleichung), VP3 (Voraussetzung)). Dennoch besitzen alle individuellen Charakter, welcher auf die subjektiven Einflussfaktoren des Problembearbeitungsprozesses (vgl. Kap. 2.3.2) zurückzuführen ist. Unterschiede gibt es auch in der Anzahl der gemachten Fehler zwischen den Versuchspersonen. Im Prozess von Proband 3 wurden überdurchschnittlich viele Fehler identifiziert, wohingegen die Lösungssuche von Versuchsperson 4 durchschnittlich weniger Strategiefehler aufweist (vgl. Abb. 56).

Zusammenfassend lässt sich festhalten, dass überwiegend globale Strategiefehler in den Problembearbeitungsprozessen aufgetreten sind, welche sich in den Untersuchungen von Heinrich (2010), Alexy (2009), Beese (2011), Schmitz (2011), Strecker (2013) und Wagner (2013) einordnen lassen. Lediglich während der Lösungssuche der Versuchsperson 1 konnten gleichermaßen lokal- und globalwirkende Strategiefehler identifiziert werden. Besonders häufig sind dabei unterschiedliche Facetten des Strategiefehlers „Asymmetrie der Lösungssuche" aufgetreten.

Im Kontext der zweiten Fragestellung wurde der Umgang der Versuchspersonen während der Problembearbeitung mit ihren Fehlern untersucht. Dabei wurde der Fokus auf das eigenständige Erkennen ihrer Fehler gelegt. Die nachfolgende Auflistung zeigt, was die Probanden in Bezug auf das Erkennen von Fehlern aus eigener Kraft zu leisten imstande sind:

Fehlerkategorie	Im realen Handlungsvollzug	In der Audioreflexion
1. Fehlerhafte Komponenten werden ungeprüft weiterverwendet	-	-
2. Die Lösungssuche erfolgt nicht methodenbewusst	-	-
3. Eigenschaften eines Sachverhaltes werden unvollständig ausgeschöpft	-	-
4. Asymmetrie der Lösungssuche	E^V (VP1) E^U (VP4)	E^V (VP1) E^U (VP3)
7. Lösungsbedingung wird nicht/unzureichend einbezogen	-	-
8. Trächtige Lösungsidee wird nicht/unzureichend fortentwickelt	-	-
11. Springen an der Oberfläche	-	-
12. Doppelungen im Vorgehen	-	-
13. Unübersichtliches Anfertigen der Aufzeichnungen	-	E^V (VP4)
14. Unsicherer Umgang mit heuristischen Mitteln	-	-
15. Funktionale Gebundenheit	-	E^U (VP2)
16. Verbotsirrtum	-	-
17. Lange Analysephasen	-	-
18. Verkomplizierung der Problemsituation	-	-
20. Fehlende Zielbalancierung	-	-
Gesamte Fehleranzahl	2	4
Insgesamt erkannte Fehleranzahl introspektiv und retrospektiv		5

Insgesamt wurden fünf von insgesamt 25 identifizierten strategischen Defizite von den Versuchspersonen erkannt, das sind ein Fünftel aller Strategiefehler (vgl. Abb. 54). Zwei dieser Fehler wurden von den Versuchspersonen vollständig introspektiv und retrospektiv wahrgenommen. Drei weitere Defizite wurden von den Probanden zumindest unvollständig im realen Handlungsvollzug oder der in der retrospektiven Betrachtung erkannt.

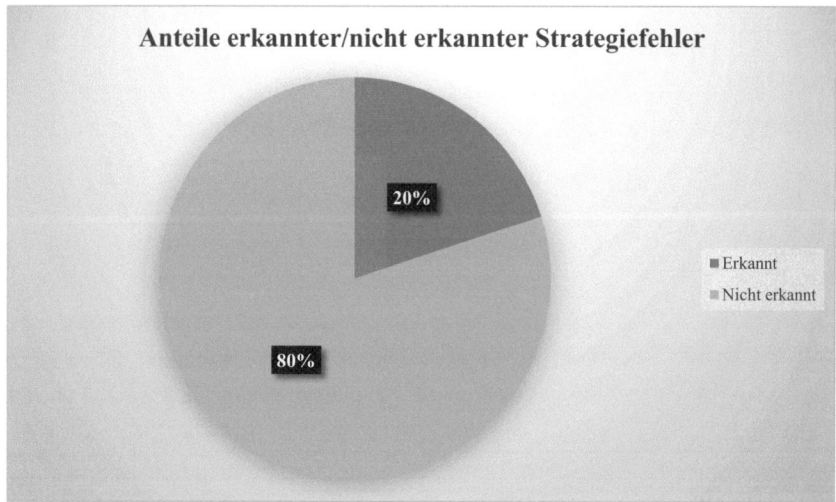

Abbildung 54

In Bezug auf die Fragestellung, zu welchem Zeitpunkt der Umgang mit Fehlern von den Versuchspersonen erfolgte, wurde im Rahmen dieser Untersuchung festgestellt, dass im realen Handlungsvollzug weniger Fehler aus eigener Kraft erkannt wurden als in der retro-spektiven Auseinandersetzung mit dem Problembearbeitungsprozess (vgl. Abb. 55). Das gibt Anlass zu vermuten, dass eine höhere „Erkennungsrate" infolge reflektorischer Tätigkeit auftritt. Eine mögliche Ursache, warum im realen Handlungsvollzug weniger Fehler erkannt werden, kann dabei die Fokussierung der Versuchsperson auf die Lösungssuche sein, was eine gleichzeitige Auseinandersetzung mit dem strategischen Vorgehen während des Prob-lembearbeitungsprozesses erschwert. Diese Befunde haben eine hohe Übereinstimmung zu einer Studie von Heinrich (2013a).

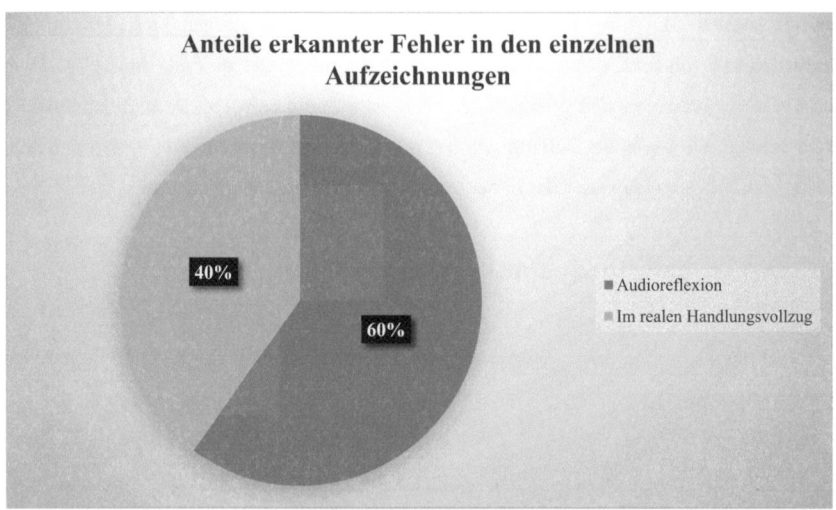

Abbildung 55

Unterschiede hinsichtlich der Reichweite des strategischen Defizites in Bezug auf das Erkennen von Fehlern konnten innerhalb dieser Erkundung festgestellt werden. Von den insgesamt fünf erkannten strategischen Defiziten wiesen vier globalen Einfluss auf die Lösungssuche auf.

Zudem konnte ein häufiges Erkennen bestimmter Typen von Strategiefehlern durch die Versuchsperson festgestellt werden. Drei Fehler des strategischen Defizites der Kategorie „Asymmetrie der Lösungssuche" wurden von den Versuchspersonen erkannt, was im Hinblick auf die Masse an Fehlern, welche nicht erkannt werden, beträchtlich ist. Ferner wurden das „Unübersichtliche Anfertigen der Aufzeichnungen" und die „Funktionale Gebundenheit" in der Audioreflexion von den Probanden wahrgenommen. Ein Großteil der Strategiefehler blieb aber im Problembearbeitungsprozess von den Probanden unerkannt. Nicht erkannt, im realen Handlungsvollzug oder in der retrospektiven Betrachtung, wurden das „Springen an der Oberfläche", die „Fehlende Zielbalancierung" und das „Nicht methodenbewusste Vorgehen", obwohl insbesondere diese Fehler häufig in der untersuchten Population vorkamen und globalen Einfluss auf den Problembearbeitungsprozess aufwiesen.

Hinsichtlich der Anzahl des Erkennens von Fehlern im direkten Vergleich zwischen den einzelnen Versuchspersonen lassen sich keine großen Unterschiede festhalten, da fast jeder Proband mindestens einen Strategiefehler (ansatzweise) erkannt hat.

Versuchsperson	Anzahl der Strategiefehler	Anzahl der erkannten Strategiefehler	Anteil der erkannten Strategiefehler
VP1	6	1	$16,\overline{6}$ %
VP2	5	1	20 %
VP3	7	1	14,3 %
VP4	3	2	$66,\overline{6}$ %
VP5	4	-	0 %

Abbildung 56: Übersicht über die Anzahl der aufgetretenen und erkannten Strategiefehler

Hervorzuheben ist an dieser Stelle, dass Versuchsperson 4 zwei von drei identifizierten Strategiefehlern erkannt hat. Nur Proband 5 identifizierte kein einziges strategisches Defizit im realen Handlungsvollzug oder in retrospektiver Betrachtung. Das kann als Beleg gesehen werden, dass Problemlösen und der Umgang mit Problemlösen immer individuellen Charakter aufweist, was sich auf subjektive Begabungen und Fähigkeiten zurückführen lässt.

Die Untersuchung zeigt, dass auch Wissens- und Fertigkeitsfehler lösungshemmenden Charakter aufweisen können. Dabei handelt es sich um ähnliche Defizite, welche bereits bei Untersuchungen von Heinrich (2013a) und Lüddecke (2013) identifiziert wurden. Vermehrt sind Defizite in Bezug auf fehlerhaftes Wissen über Eigenschaften von Dreiecken (Gleichschenkligkeit), die Beschriftung der Seiten und Winkel, über Flächeninhalte geometrischer Figuren, sowie über Seiten-Winkel-Beziehungen und den Satz des Pythagoras in einem rechtwinkligen Dreiecken aufgetreten. Zu den häufig aufgetretenen Fertigkeitsfehler zählen vor allem fehlerhafte Umformungen, aber auch Messungenauigkeiten, fehlerhaftes Ausklammern und Kürzen und das Zusammenfassen nicht identischer Terme.

In der Erkundungsstudie sind Wissens- und Fertigkeitsfehler gleichermaßen aufgetreten. Insgesamt wurden sieben Fertigkeitsfehler und sieben Wissensfehler in den Problembearbeitungsprozessen beobachtet, von denen ein Großteil lokale Wirkung auf die Lösungssuche hatte (vgl. Abb. 57).

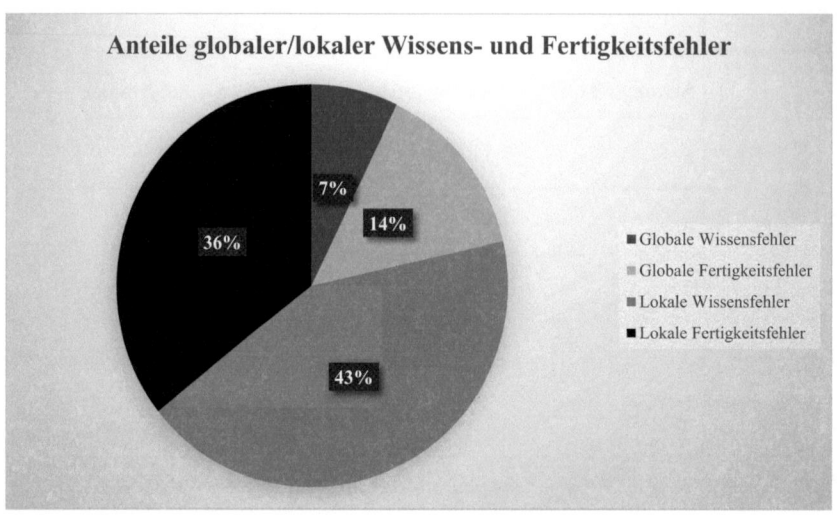

Abbildung 57

Obwohl insgesamt weniger Fertigkeits- und Wissensfehler als Strategiefehler identifiziert wurden (vgl. Abb. 58), wurden diese wesentlich häufiger von den Probanden erkannt.

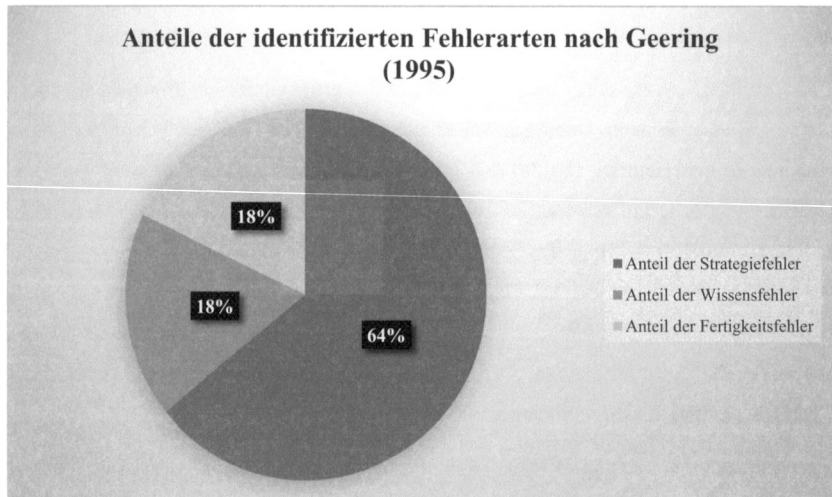

Abbildung 58

Von sieben identifizierten Fertigkeitsfehlern wurden vier Fehler introspektiv aus eigener Kraft erkannt (vgl. Abb. 59) und von den sieben aufgetretenen Wissensfehlern wurden drei im realen Handlungsvollzug von den Versuchspersonen wahrgenommen (vgl. Abb. 60).

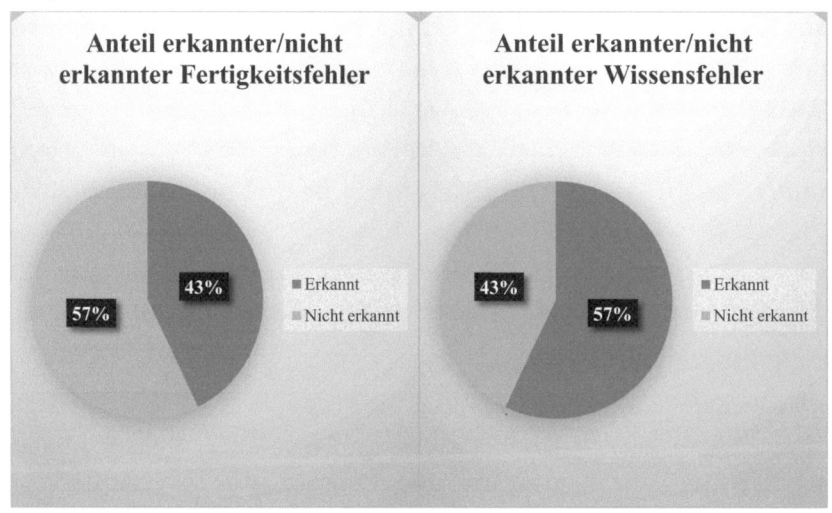

Anteil erkannter/nicht erkannter Fertigkeitsfehler	Anteil erkannter/nicht erkannter Wissensfehler
43% 57% ■ Erkannt ■ Nicht erkannt	43% 57% ■ Erkannt ■ Nicht erkannt

Abbildung 59   *Abbildung 60*

Die Untersuchungsergebnisse zeigen, dass im Erkennen von Wissens- und Fertigkeitsfehlern aus eigener Kraft kein Zuwachs in den Audioreflexionen zu erkennen ist. Fertigkeitsfehler werden in retrospektiver Betrachtung eigentlich gar nicht von den Probanden thematisiert. Interessant ist auch, dass Proband 3 alle Wissens- und Fertigkeitsfehler erkannt hat. Zudem wurden insgesamt drei von vier globalen Fehlern von den Versuchspersonen erkannt.

	Wissensfehler		Fertigkeitsfehler		Anzahl der insgesamt aufgetretenen Fehler	
	Video	Audio	Video	Audio	WF	FF
VP1	-	-	$E^{U}K^{U}$ (FF$_3$)	-	1	3
VP2	E^{U} (WF$_1$)	E^{U} (WF$_1$)	E^{V} (FF$_1$)	-	2	1
VP3	E^{V} (WF$_1$)	-	E^{U} (FF$_1$)	-	1	1
VP4	-	-	E^{U} (FF$_1$)	-	1	2
VP5	$E^{V}A^{V}K_{A}$ (WF$_1$)	$E^{V}A^{U}$ (WF$_1$)	-	-	2	-
Insgesamt	3	(2)	4	-	7	7

Es lässt sich konstatieren, dass die Mehrheit der insgesamt 39 identifizierten Fehler Strategie-fehler waren. Der Anteil der strategischen Defizite hatte im Rahmen dieser Untersuchung einen Anteil von rund 64 %, von denen insgesamt 20 % introspektiv oder retrospektiv erkannt wurden. Die anschließende Audioreflexion brachte einen Zuwachs von 12 %. Darüber hinaus konnten gleichermaßen Wissens- und Fertigkeitsfehler in den Problembearbeitungsprozessen beobachtet werden, welche jeweils einen Anteil von etwa 18 % ausmachten. Ungefähr die Hälfte dieser Fehler wurde von den Probanden im realen Handlungsvollzug erkannt. Die retrospektive Betrachtung der Problembearbeitungsprozesse brachte keine Zunahme bezüglich der Erkennung dieser Fehler.

Die erhobenen Daten beziehen sich explizit auf Untersuchungen in der Sekundarstufe II, daher lassen sich die Aussagen dieser Studie nur auf diesen Bereich übertragen. Ferner handelt es sich trotz der Methode der konsensuellen Validierung bei der Auswertung der Daten um subjektive Bewertungen durch das Expertenteam. Zudem gilt zu berücksichtigen, dass bei dieser geringen Stichprobe keine statistische Repräsentativität vorliegt.

Welche didaktischen Überlegungen sich daraus ableiten lassen, wird im folgenden Unterkapitel erläutert.

6.2 VORLÄUFIGE DIDAKTISCHE ÜBERLEGUNGEN

Wenn sich die Befunde in einem größeren Ausmaß bestätigen, hätten die folgenden Anmerkungen Relevanz:

Die erhobenen Befunde legen die Vermutung nahe, dass eine Hilfe der Lehrkraft insbesondere bei Strategiefehlern unverzichtbar ist, weil diese nur selten von den Probanden aus eigener Kraft erkannt werden. Daher bedarf es an dieser Stelle einer gezielten didaktischen Einfluss-nahme durch die Lehrperson. Der richtige Umgang mit Fehlern ist dabei von entscheidender Bedeutung. Das Unterrichtsprinzip „Lernen aus Fehlern" kann zu einem förderlichen Umgang mit Fehlern beitragen. Die Wichtigkeit des richtigen Umgangs mit Fehlern thematisiert auch Hasemann (1985: 4): *„Menschen machen Fehler, Erwachsene im täglichen Leben ebenso wie Kinder in der Schule. Wir wissen aber, daß man gerade in der Mathematik aus Fehlern lernen kann, aus den eigenen wie aus denen anderer. Jedoch ist es dazu nötig, nicht nur zu erkennen, **daß** ein Fehler gemacht wurde und zu sehen, **was** falsch ist, sondern auch – wenn möglich herauszufinden **warum** der Fehler falsch ist."*. Auch Oser & Spychiger (2005) sprechen diese entscheidenden kognitiven und metakognitiven Rahmenbedingungen an: Ein Fehler kann zu einer fruchtbaren Lerngelegenheit (beim Problemlösen) werden, wenn Lernende

1. den Fehler underline erkennen, also *einsehen, dass etwas falsch ist,* und insbesondere, auch *was falsch ist,*

2. den Fehler erklären können, also *verstehen, wie es dazu gekommen ist,*

3. die Möglichkeit haben, den Fehler zu korrigieren, also *eine richtige Vorgehensweise oder Vorstellung erwerben.*

Eine Möglichkeit für diese Umsetzung sind *Fehleranalysen* bei Problembearbeitungsprozessen. Die in Kapitel 6 erhobenen Befunde sind Ergebnisse derartiger Analysen. Diese bieten für Lehrende und Lernende die Möglichkeit „aus Fehlern zu lernen". Durch eine Suche nach Fehlermustern und Fehlerursachen in den Problembearbeitungsprozessen, wird das Wissen über mögliche Fehler und lösungshemmende Verhaltensweisen beim Bearbeiten mathematischer Probleme angereichert. „*Diese metakognitiven Aktivitäten erweisen sich als effektiv für ein nachhaltiges Lernen*" (vgl. Prediger & Wittmann 2009: 9). Ein solcher Umgang kann als möglicher Ansatzpunkt zur Förderung der Problemlösekompetenz gesehen werden.

Wie wichtig eine genaue Analyse von Fehlern ist, zeigen die Fehleranalysen dieser Erkundungsstudie. Ohne Fehleranalysen bleibt eine Vielzahl der lösungshemmenden Defizite unentdeckt und die Folge ist oberflächliches Lernen ohne die Entwicklung tiefgreifender Verstehensprozesse (vgl. Schoy-Lutz 2005: 47). Diese Befunde verdeutlichen die Notwendigkeit, diesen systematischen Fehlern beim Problemlösen im Mathematikunterricht entgegenzuwirken. Dies kann als ein möglicher Ansatzpunkt zur Förderung der Problemlösekompetenz aufgefasst werden, wenn Fehler beim Problemlösen im Mathematikunterricht tatsächlich als Lernchance genutzt werden. „*Ein produktives Lernen beginnt bei einer gründlichen Analyse, die neben der Identifizierung möglicher Fehlermuster auch die Rekonstruktion von Fehlerursachen auf syntaktischer und semantischer Ebene umfasst. Nur so kann nachhaltiges Wissen um Fehler und den konstruktiven Umgang mit ihnen entstehen*" (Prediger & Wittmann 2009: 11). Ähnlich äußert sich auch Wittrock (1988: 289): „*Our first goal is to understand the processes and our ultimate goal is to teach them.*"

Darüber hinaus müssen Lehrende für diese Problematik überhaupt sensibilisiert werden, d.h. sie müssen hinreichendes Wissen über lösungshemmende Verhaltensweisen erwerben, um zielgerichtete Förder- und Hilfsmaßnahmen ableiten zu können (vgl. Heinrich 2010). Damit die Schüler Wissen über Fehler beim Bearbeiten mathematischer Probleme erwerben, bedarf es Lernangeboten, die diese Tätigkeit anregen und fördern (vgl. Heinrich 2013b: 7). Dabei ist von zentraler Bedeutung, dass Lernende Erfahrungen über lösungshinderliche Verhaltensweisen beim Problemlösen sammeln (vgl. Heinrich 2010), die darauf gerichtet sind, Lernende diese Strategiefehler mit ihren möglichen Auswirkungen auf die Lösungssuche erleben zu lassen. „*Denn zu wissen, wo Gefahren lauern, hilft zuweilen schon sich ihnen gegenüber vorsichtig zu verhalten.* " (Becker 1987: 19). Dabei können sich Lernende mit eigenen aber auch mit fremden Fehlern beim Problemlösen beschäftigen. Der Umgang mit Fehlern kann dabei eigenständig erfolgen, d.h. durch die betreffende Person selbst oder aber unter Beteiligung weiterer Personen, zum Beispiel Lehrer oder Mitschüler.

7. AUSBLICK

Bei den im Rahmen dieser Untersuchungsstudie erhobenen Ergebnissen handelt es sich aufgrund des kleinen Untersuchungsrahmens um vorläufige Befunde, welche bisherige Forschungsbefunde bestätigen und ergänzen sollen. Um verallgemeinerbare Aussagen über die Förderung der Problemlösekompetenz durch Fehleranalysen ableiten zu können, müssen diese zunächst in umfangreicheren Studien bestätigt werden. Zudem müssen auch Erkundungsstudien zu andern Themenbereichen der Mathematik, anderen Problemstellungen sowie anderen Altersstufen durchgeführt werden, um begründete Aussagen über das Auftreten von lösungshinderlichen Fehlern beim Problemlösen und den richtigen Umgang mit diesen Fehlern machen zu können.

Im Rahmen dieser Untersuchung können die Befunde als Anregungen für Lehrpersonen im Kontext des Problemlösens aufgefasst werden. Im normalen Unterricht ist es für die Lehrkraft oft schwer, Problembearbeitungsprozesse so intensiv zu beobachten, daher können Studien wie diese Lehrpersonen wichtige Hinweise geben, worauf sie besonders achten müssen und an welcher Stelle ihre Hilfe unverzichtbar ist. So können die, durch Fehleranalysen herausgearbeiteten, Defizite einen Beitrag zur Förderung der fachlichen, diagnostischen und didaktischen Kompetenz von Lehrpersonen leisten, was eine wesentliche Bedingung für das Lehren des Problemlösens darstellt (vgl. Becker 1987). Wenn die Lehrperson Kenntnis über defizitäre Verhaltensweisen besitzt, kann sie diese durch entsprechende Maßnahmen entgegenwirken und diese vorbeugen und zudem den Problembearbeitungsprozess besser begleiten: *„Mehr Prozesshilfe anstelle derzeit überwiegender Sachhilfe"* (Heinrich 2013a). Überdies eröffnen die Befunde den Lehrpersonen die Möglichkeit, *„sich auf die Schwierigkeiten ihrer Schüler noch besser einzustellen und entsprechende Unterstützungsmaßnahmen zur Optimierung ihrer Problembearbeitungsprozesse vorzunehmen."* (Zimmermann 2010: 2). Damit Schüler ihre Problemlösekompetenz verbessern, ist es wichtig, dass sie durch den richtigen Umgang mit Fehlern langfristig lernen, eigene Fehler zu erkennen und damit umzugehen bzw. diese vermeiden zu lernen.

Die Befunde zeigen, dass zumeist Wissens- und Fertigkeitsfehler von den Versuchspersonen im realen Handlungsvollzug erkannt werden, wobei Strategiefehler im Problembearbeitungsprozess nahezu unentdeckt blieben. Häufig aufgetretene Strategiefehler, welche selten von den Versuchspersonen erkannt wurden, sind „das „Springen an der Oberfläche", die „Fehlende Zielbalancierung" und das „Fehlende Methodenbewusstsein" und teilweise die „Asymmetrie der Lösungssuche". Daher bedarf es an dieser Stelle weiterer Maßnahmen, um Prozesse des Erkennens, insbesondere dieser Fehler, anzuregen und somit die Problemlösekompetenz zu fördern. Eine Möglichkeit für die Umsetzung können dabei Audioreflexion sein, welche sich innerhalb dieser Untersuchung als eine sinnvolle Methode für die Erkennung von Strategiefehlern herausgestellt hat. In der retrospektiven Betrachtung wurde ein Zuwachs der Fehlererkennung aus eigener Kraft festgestellt, was auf eine tiefergehende Auseinandersetzung mit den Defiziten in der Retrospektion hinweist. Da Strategiefehler aus eigener Kraft aber nur vereinzelt erkannt werden, liegt die Vermutung nahe, dass es zum Erkennen von Strategiefehlern verstärkt die Unterstützung von Lehrenden bedarf. Aus diesem Grund müssen Lehrpersonen entsprechend qualifiziert werden, um gezielt didaktischen Einfluss nehmen zu können. Neben der *unmittelbaren* Retrospektion bietet sich zudem eine *verzögerte* Retrospektion (vgl. Mey & Mruck (2010), welche mit größerem zeitlichen Abstand durchzuführen ist. Allerdings ist das methodische Vorgehen von Retrospektionen mit einem erheblichen Aufwand verbunden und ist erst ab einer bestimmten Klassenstufe einsetzbar, da jüngere Schüler voraussichtlich nicht über die dazu benötigten reflektorischen Fähigkeiten verfügen. Überdies ist bisher ungeklärt, wie man retrospektive Äußerungen unter Unterrichtsbedingungen inszenieren könnte. Allerdings würde es den Rahmen dieser Untersuchung sprengen, diese Frage näher zu erläutern.

Eine andere Möglichkeit ist es, diesen nicht oder nur ansatzweise erkannten, Strategiefehlern verstärkt im Unterricht entgegenzuwirken. Heinrich (2010) leitet folgende didaktische Maßnahmen ab, um strategischen Defiziten entgegenzuwirken, welche sich auch auf die Befunde dieser Erkundungsstudie übertragen lassen:

- Lernende Erfahrungen über Eignung und Nichteignung bestimmter (heuristischer) Vorgehensweisen und heuristischer Hilfsmittel in bestimmten Situationen sammeln lassen.

- Metawissen über den Bereich mathematischen Denkens ausbilden, dabei insbesondere Wissen über heuristische Lösungsstrategien (Was leistet welche Strategie? Wann kann sie mit größerer Wahrscheinlichkeit hilfreich sein und wann weniger?), ähnliches für Beweisstrategien.

- Einseitigkeiten im Lösungsvorgehen entgegenwirken; u.a. durch Einnehmen verschiedener Betrachtungsweisen zu ein- und demselben mathematischen Sachverhalt (Standpunktwechsel); durch Aufzeigen an Beispielen, wohin derartige Asymmetrien beim Suchen nach Lösungen führen können; auf Vernetzungen sonst eher getrennt behandelter Inhalte orientieren.

- Geeignete und ungeeignete Kontrolle thematisieren und erleben lassen, und somit das Wissen über verschiedene Formen von Kontrolle anreichern und erfahrbar machen.

Darüber hinaus konnte innerhalb dieser Untersuchung beobachtet werden, dass Wissens- und Fertigkeitsfehler gelegentlich das Auftreten von Strategiefehlern begünstigen. Daher gilt es auch, diese Fehler beim Problemlösen nicht zu vernachlässigen.

Zusammenfassend lässt sich festhalten, dass die Erkundungsstudie die bisherigen Befunde ähnlicher Untersuchungen von Heinrich (2010), Alexy (2009), Beese (2011), Schmitz (2011), Strecker (2013) und Wagner (2013) bestätigt. Eine Vielzahl der identifizierten Fehlerkategorien konnte auch im Rahmen dieser Studie wiedergefunden wurden, sowie um die Fehlertypisierung „Fehlende Zielbalancierung" von Schaub (2010) ergänzt werden.

LITERATURVERZEICHNIS

ALTHOF, W. (Hrsg.) (1999): *Fehlerwelten. Vom Fehlermachen und Lernen aus Fehlern.* Oplade: Leske + Burdrich, S. 7-10.

AMELAND, M. / BARTUSSEK, D. (2006): *Differentielle Psychologie und Persönlichkeitsentwicklung.* Stuttgart: Kohlhammer.

ARBINGER, R. (1997): *Psychologie des Problemlösens. Eine anwendungsorientierte Einführung.* Darmstadt: Primus Verlag.

ARLIN, P. K. (1989): *The Problem of the Problem.* In J.D. Sinnot (Ed.): Everyday problem solving: Theory and aplications (pp. 229-237). New York: Praeger.

BANDURA, A. & R. H. WALTERS (1963): *Social Learning and personality developement.* New York:

BAUMERT, J. / LEHMANN, R. et. al. (1997): *TIMSS – Mathematisch – naturwissenschaftlicher Unterricht im internationalen Vergleich.* Opladen: Leske und Budrich.

BECKER, G. (1985): *Fehler in geometrischen Beweisen von Schülern der Sekundarstufe I.* In: Der Mathematikunterricht (MU) Heft 6/1985, S. 48-64.

BECKER, G. (1987): *Über den Beitrag des Geometrieunterrichts zum Erwerb heuristischer Strategien.* In: math. didact. 10, 3 / 4, S. 123 – 145.

BLK (BUND – LÄNDER – KOMMISSION für Bildungsplanung und Forschungsförderung)(1997): *Gutachten zur Vorbereitung des Programms „Steigerung der Effizienz des mathematisch– naturwissenschaftlichen Unterrichts".* Heft 60 der Materialien zur Bildungsplanung und zur Forschungsförderung.

BRUDER, R. (1988): *Grundfragen mathematikmethodischer Theoriebildung unter besonderer Berücksichtigung des Arbeitens mit Aufgaben.* Potsdam: Diss. B.

BRUDER, R. (1992): *Problemlösen lernen – aber wie?* In: Mathematik lehren, 52, S. 6 – 12.

BRUDER, R. & C. COLLET (2011): *Problemlösen lernen im Mathematikunterricht.* Berlin: Cornelson.

BURCHARTZ, B. (2003): *Problemlöseverhalten von Schülern beim Bearbeiten unlösbarer Probleme.* Hildesheim, Berlin: Franzbecker.

CLAUß, G. (1977): *Verbalisationseffekte beim Lernen.* In: Lompscher, Joachim (Hrsg.): Zur Psychologie der Lerntätigkeit, Berlin: Volk und Wissen, 143-153.

DMV (Deutsche Mathematiker-Vereinigung): *Stellungnahme der DMV im Rahmen der Anhörung zu TIMSS bei der Kultusministerkonferenz, Bonn im Juni 1997.* Verfasser: G. Törner:

DÖRNER, D. (1979): *Problemlosen als Informationsverarbeitung.* Stuttgart: Kohlhammer. 2. Auflage.

DUNCKER, K. (1935): *Zur Psychologie des produktiven Denkens.* Berlin: Springer

DÜRSCHLAG, S. (1983): *Problemlösen und Kreativität im Mathematikunterricht.* In: Der Mathematikunterricht (MU), 3, S. 46 – 70.

FERNANDEZ, M. L. / HADAWAY, N. / WILSON, J. W. (1994): *Problem Solving: Managing It All.* In: The Mathematics Teacher, Vol. 87, No. 3, S. 195 – 199.

FLAVELL, J. H. (1976): *Metacognitive Aspects of Problem Solving.* In: Resnick, L. B. (Hrsg.): The nature of Intelligence. Hillsdale, NJ: Lawrence Erlbaum, S. 231-235.

FLAVELL, J. H. (1984): *Annahmen zum Begriff Metakognition sowie Entwicklung von Metakognition.* In: Weinert, F. E. & R. H. Kluwe (Hrsg.): Metakognition Motivation und Lernen. Stuttgart: Kohlhammer. S. 23-31.

FRITZLAR, T. (2011): *Pfade trampeln ... statt über Brücken gehen: Lernen durch Problemlösen.* In: Grundschule. Magazin für Aus- und Weiterbildung, Heft 11, November 2011.

FUNKE, J. (2003): *Problemlösendes Denken.* Stuttgart: Kohlhammer.

GDM (2001): *PISA – Presseerklärung der GDM zur Veröffentlichung der Testergebnisse vom 05.12.2001.* Verfasser: Reiss, K. & H. - G. Weigand

GEERING, P. (1992): *Eigenständig Mathematik lernen. Auszug aus dem Schlussbericht des Projekts „Eigenständige Lerner".* Pädagogische Hochschule St. Gallen, S. 1 – 7.

GLASER, R. (1991): *The maturing of the relationship between the science of learning and cognition and educational practice.* In: Learning and Instruction, 1, S. 129 – 144.

HARTINGER, A. (1997): *Aus Fehlern wird man klug – nur wie?* In: Grundschule, 10, S. 29-30.

HASEMANN, K. (1985): *Die Beschreibung von Schülerfehlern mit kognitionstheoretischen Modellen.* In: Der MU (Mathematikunterricht). Heft 6, Jg. 31. S. 6 – 17.

HEINRICH, F. (2004): *Strategische Flexibilität beim Lösen mathematischer Probleme: Theoretische Analysen und empirische Erkundungen über das Wechseln von Lösungsanläufen.* Hamburg: Verlag Dr. Kovač.

HEINRICH, F. (2008): *Defizitäre Verhaltensweisen beim Bearbeiten mathematischer Probleme.* In: Fuchs, M. & F. Käpnick (Hrsg.), Mathematisch begabter Kinder. S. 22-33. Berlin: LIT.

HEINRICH, F. (2010): *„Strategiefehler" beim Bearbeiten mathematischer Probleme.* In: Der Mathematikunterricht (MU), Heft 3 / 2010, S.33-43.

HEINRICH, F. (2013a): Powerpointdokument zum Vortrag *„Fehler beim Bearbeiten mathematischer Probleme als möglicher Ansatzpunkt zur Förderung der Problemlösefähigkeit"* im Rahmen des Symposiums „(Mathematische) Probleme lösen lernen" am 27./28. September 2013 in Braunschweig.

HEINRICH, F. (2013b): *"Fehler" in Problembearbeitungsprozessen als mögliche Ansatzpunkte zur Fortentwicklung der Problemlösefähigkeit im Bereich Mathematik.* In: Leibniz-Online (Internetzeitschrift der Leibniz-Sozietät), Jahrgang 2013, Nr. 15, URL [21.04.2014]: http://leibnizsozietaet.de/wp-content/uploads/2013/04/heinrich.pdf

HUSSY, W. (1984/86): *Denkpsychologie: Ein Lehrbuch. Band 1. Geschichte, Begriffs- und Problemlöseforschung, Intelligenz.* Stuttgart: Kohlhammer.

JAINTA, P. (1997): *Die Problemecke.* In: Alpha, 2. Velten: Becker, S. 22 ff.

KIEßWETTER (1983): *Modellierung von Problemlöseprozessen.* In: Der Mathematikunterricht (MU), Heft 3, S. 71-101.

KILPATRICK, J. (1967): *Analyzing the Solution of Word Problems: An Exploratory Study.* Dissertation Stanford.

KILPATRICK, J. / RADATZ, H. (1983): *How teachers might make use of research on problem solving.* In: ZDM, 3, S. 151 – 155.

KILPATRICK, J. (1985): *A Retrospective Account oft he Past 25 Years on Teaching Mathematical Problem Solvin.* In: Silver, E. A. (Ed.): Teaching and Learning Mathematical Problem Solving: Multiple Research perspectives. Hillsdale: Lawrence Erlbaum Associates, p. 1-15.

KLIX, F. (1971): *Information und Verhalten.* Bern: Huber, Berlin: Volk und Wissen.

KMK (Kultuministerkonferenz)(Hrsg.) (2003): *Bildungsstandards im Fach Mathematik für den Mittleren Bildungsabschluss.* URL [21.04.2014]: http://www.kmk.org/fileadmin/veroeffentlichungen_beschluesse/2003/2003_12_04-Bildungsstandards-Mathe-Mittleren-SA.pdf

KNOBLICH, G. (2002): *Problemlösen und logisches Schließen.* In: Müsseler, J. &W. Prinz (Eds.), Allgemeine Psychologie (pp. 644-701). Heidelberg: Spektrum Akademischer Verlag.

KÖNIG, H. (1992): *Einige für den Mathematikunterricht bedeutsame heuristische Vorgehensweisen.* In: Der Mathematikunterricht, Jg. 38, 3/1992. S. 24-38.

KÖSTER, E. (1988): *Die Ausbildung schöpferischen Denkens in der Lerntätigkeit.* In: Lompscher, J. (1988): Persönlichkeitsentwicklung in der Lerntätigkeit. Berlin: Volk&Wissen. Kapitel 6. S. 127-145.

KRATZ, J. (1988): *Beziehungsreiche geometrische Problemstellungen aus didaktischer Sicht.* In: Didaktik der Mathematik (DdM), 3, S. 206 – 234.

LEUDERS, T. (2003): *Problemlösen.* In: Leuders, T. (Hrsg.): Mathematik-Didaktik. Praxishandbuch für die Sekundarstufe I und II, S. 119-134. Berlin. Cornelson Verlag Skriptor.

LÜER G. & H. SPADA (1990): *Denken und Problemlösen.* In: H. Spada (Ed.), Lehrbuch Allgemeine Psychologie (pp. 1989-280). Bern: Hans Huber.

MAIER, H. (1991): *Interpretative Forschung im Bereich der Mathematikdidaktik.* In: Beiträge zum Mathematikunterricht 1991. Bad Salzdetfurth: Franzbecker.

MASON, J./BURTON, L./STACEY, K. (2008): *Mathematisch denken – Mathematik ist keine Hexerei.* München: Oldenbourg. 5., überarbeitete Auflage.

MEY, G. / MRUCK, K. (2010): *Handbuch qualitative Forschung in der Psychologie.* Wiesbaden: Verlag für Sozialwissenschaft.

MCCARTHY, J. (1956): *The Inversion of Functions Defined by Turing Machines.* In: Shannon, D. E. & McCarthy J. (Ed.): Automata Studies. Annals of Mathematical Studies, 34, 177-181, Princeton, New Jersey:

MILLER, G. A. / GALANTER, S. / PRIBRAM, K. (1960): *Plans and the structure of behavior.* New York: Holt, Rinehart und Winston.

NEWELL, A. / SIMON, H. A. (1972): *Human Problem Solving.* Englewood Cliffs: Prentice Hall.

NISBETT, R. E. / WILSON T. (1977): *Telling More Than We Can Know: Verbal Reports on Mental Processes.* In: Psychological Review, 84, 231-259.

NKM (Niedersächsisches Kultusministerium) (Hrsg.) (2006): *Kerncurriculum für die Realschule Mathematik Schuljahrgänge 5-10.* URL [21.04.2014]: http://db2.nibis.de/1db/cuvo/datei/kc_rs_mathe_nib.pdf

OECD (2003): Organisation for Economic Co-Operation and Development (Hrsg.): *The PISA 2003 Framework – Mathematics, Reading, Science and Problem Solving Knowledge and Skills*. URL [21.04.2014]:
http://www.oecd.org/edu/school/programmeforinternationalstudentassessmentpisa/33694881.pdf

OSER, F. / HASCHER, T. / SPYCHIGER, M. (1999): *Lernen aus Fehlern; Zur Psychologie des „negativen" Wissens*. In: Althof, W. (Hrsg.): Fehlerwelten: Vom Fehlermachen und Lernen aus Fehlern. Opladen: Leske + Budrich.

OSER, F. / SPYCHIGER, M. (2005): *Lernen ist schmerzhaft. Zur Theorie des Negativen Wissens und zur Praxis der Fehlerkultur*. Weinheim: Beltz.

PADBERG, F. (1983): *Über Schülerfehler im Bereich der Bruchrechnung*. In: Vollrath, H.-J. (Hrsg.), Zahlbereiche. Didaktische Materialien für die Hauptschule. Stuttgart: Klett.

PEHKONEN, E. (1995): *Using open – ended problems in mathematics*. In: Zentralblatt für Didaktik der Mathematik (ZDM), 2, S. 55 – 56.

PÓLYA, G. (1949, 1967): *Schule des Denkens*. Bern: Francke; (2. Auflage): Bern, München: Francke.

PÓLYA, G. (1962/63, 1969/72): *Mathematik und plausibles Schließen*. Jeweils Band 1 / Band 2. Basel: Birkhäuser.

PÓLYA, G. (1980): *Wie lehren wir Problemlösen?* Übersetzt aus dem Englischen von Rüdiger Baumann. In: Mathematiklehrer 1-1980. S. 3-5.

POPPER, K. (1994): *Alles Leben ist Problemlösen. Über Erkenntnis, Geschichte und Politik*. Darmstadt: Wissenschaftliche Buchgesellschaft.

PREDIGER, S. / WITTMANN, G. (2009) (Hrsg.): *Falsch bringt weiter. Aus Fehlern lernen*. In: Praxis der Mathematik in der Schule 51(27). (Vorversion des Einführungsartikels, S. 1-8).

RADATZ, H. (1980): *Fehleranalysen im Mathematikunterricht*. Braunschweig: Vieweg.

ROTT, B. (2013): *Mathematisches Problemlösen. Ergebnisse einer empirischen Studie*. Münster: WTM.

SCHAFFRATH, J. F. (1957): *Gedanken zur Psychologie der Rechenfehler*. In: Der Mathematikunterricht. Beiträge zu seiner wissenschaftlichen und methodischen Gestaltung, Heft 3, S. 5-21.

SCHAUB, H. (2006). *Störungen und Fehler beim Denken und Problemlösen*. In J. Funke (Hrsg.), Denken und Problemlösen (Enzyklopädie der Psychologie, Themenbereich C: Theorie und Forschung, Serie II: Kognition, Band 8) (S. 447-482). Göttingen: Hogrefe.

SCHOENFELD, A. H. (1985): *Mathematical Problem Solving*. Orlando: Academic Press.

SCHOENFELD, A. H. (1987): *What's all the fuss about metacognition?* In: Schoenfeld, A. H. (Ed.): Cognitive science and mathematics education. Hillsdale, New Jersey: Lawrence Erlbaum Associates, S. 189 - 215.

SCHOY-LUTZ, M. (2005): *Fehlerkultur im Mathematikunterricht: Theoretische Grundlegung und evaluierte unterrichtspraktische Erprobung anhand der Unterrichtseinheit "Einführung in die Satzgruppe des Pythagoras"*. Hildesheim, Berlin: Verlag Franzbecker.

SCHÜLERDUDEN (2002): *Fremdwörterbuch*. Mannheim: Brockhaus.

SELL, R: (1991): *Angewandtes Problemlösungsverhalten – Denken in komplexen Zusammenhängen*. Springer. Berlin: 1991.

SELL, R. / SCHIMWEG, R (2002): *Probleme lösen. In komplexen Zusammenhängen denken.* Berlin Heidelberg: Springer. 6. Auflage.

SELZ, O. (1924): *Die Gesetze der produktiven und reproduktiven Geistestätigkeit.* Bonn: Cohen.

SOMMER, N. (1985): *Die Erfassung von Unterrichtseffekten durch Fehleranalysen.* In: Der Mathematikunterricht (MU), Heft 6/1985, S. 38-47.

SPADA, H. (1977): *Modelle des Denkens und Lernens.* Bern.

TIETZE, U. – P. / FÖRSTER, F. (2000): *Fachdidaktische Grundfragen.* In: Tietze, U. - P. /Klika, M. / Wolpers, H. (Hrsg.): Mathematikunterricht in der Sekundarstufe II. Band 1: Fachdidaktische Grundfragen - Didaktik der Analysis, S. 1 – 177. 2. Durchgesehene Auflage. Braunschweig, Wiesbaden: Vieweg.

TIETZE, U. - P. / KLIKA, M. / WOLPERS, H. (Hrsg.) (2000): *Mathematikunterricht in der Sekundarstufe II.* Band 1: Fachdidaktische Grundfragen - Didaktik der Analysis. 2. Durchgesehene Auflage. Braunschweig, Wiesbaden: Vieweg.

TÖRNER, G. / ZIELINSKI, U. (1992): *Problemlösen als integraler Bestandteil des Mathematikunterrichts – Einblicke und Konsequenzen.* In: Journal für Mathematikdidaktik (JMD), 2/3, S. 253 - 270.

VOLLRATH, H. – J. (1992): *Zur Rolle des Begriffs im Problemlöseprozeß des Beweises.* In: Mathematische Semesterberichte 39 (1992). S. 127-136. URL [21.04.2014]: http://www.history.didaktik.mathematik.uni-wuerzburg.de/vollrath/papers/060.pdf

WAGNER, A., UETTENDORFER, I. & WEIDLE, R. (1977). *Die Analyse von Unterrichtsstrategien mit der Methode des Nachträglichen Lauten Denkens von Lehrern und Schülern zu ihrem unterrichtlichen Handeln.* Unterrichtswissenschaft, 5(3), 244-250.

WERNING, R. / KRIWET, I. (1999): *Problemlösendes Lernen.* In: Pädagogik, 10, S. 7 – 11.

WESSELS, M. G. (1994): *Kognitive Psychologie.* München: Ernst Reinhardt. 3. Auflage.

WITTMANN, E. (1975): *Grundfragen des Mathematikunterrichts.* Vieweg, Braunschweig.

WITTMANN, G. (2009): *Problemlösen.* In: WEIGAND, H.-G. (Hrsg.): Didaktik der Geometrie in der Sekundarstufe *I.* Heidelberg: Spektrum Akademischer Verlag, S. 81 – 98.

WITTROCK, M.C. (1988): A constructive review of research on learning strategies. In: Weinstein, C.E. / Goetz, E.T. / Alexander, P.A.(Hrsg.): *Learning and study strategies. Issues in assessment, instruction, and evaluation.* San Diego: Academic Press, S. 287 – 297.

WOOLFOLK, A. (2008): *Pädagogische Psychologie.* München: Pearson Studium. 10. Auflage – bearbeitet und übersetzt von U. Schönpflug.

ZECH, F. (1996): *Grundkurs Mathematikdidaktik,* 8., völlig neu bearbeitete Auflage. Weinheim und Basel: Beltz.

ZIMMERMANN, B. (1983): *Problemlösen als eine Leitidee für den Mathematikunterricht.* In: Der Mathematikunterricht (MU), 3, S. 5 – 45.

ZIMMERMANN, B. (1991a): *Problemorientierter Unterricht.* Bad Salzdetfurth: Franzbecker.

ZIMMERMANN, B. (1991b): *Heuristik als ein Element mathematischer Denk- und Lernprozesse. Habilitationsschrift.* Universität Hamburg.

ZIMMERMANN, B. (2003): *Mathematisches Problemlösen und Heuristik in einem Schulbuch.* In: Der Mathematikunterricht (MU), Heft 1 / 2003.

ZIMMERMANN, B. (2010): *Denkenlernen durch Problemlösen.* GYÖRGY PÓLYA (1887-1985) – Teil II. In: Der Mathematikunterricht (MU), Heft 3 / 2010.

Unveröffentlichte Manuskripte

ALEXY, C. (2009): *Theoretische Analysen und empirische Erkundungen zu lösungshemmenden Verhaltensweisen beim Bearbeiten mathematischer Probleme.* Masterarbeit, TU Braunschweig, Fakultät für Geistes- und Erziehungswissenschaften.

BEESE, W. – F. (2011): *Empirische Erkundungen zu „Strategiefehlern" beim Bearbeiten mathematischer Probleme.* Masterarbeit, TU Braunschweig, Fakultät für Geistes- und Erziehungswissenschaften.

GEERING, P. (1995): *Aus Fehlern lernen im Mathematikunterricht.* Manuskript.

HEINRICH, F./BRUDER, R./BAUER, C. (2014): *Problemlösen lernen.* Kapitel III.2. Erscheint in „Handbuch der Mathematikdidaktik" (2014). (Arbeitstitel)

JUSKOWIAK, S. (2014): Manuskript zur Dissertation. „*Zur Selbstreflexion beim Bearbeiten mathematischer Probleme*" (Arbeitstitel).

LÜDDECKE, J. (2013): *Fehleranalysen mathematischer Problembearbeitungsprozesse.* (Manuskript)

SCHMITZ, Y. (2011): *Empirische Analysen zu strategischen Defiziten beim Bearbeiten mathematischer Probleme.* Masterarbeit, TU Braunschweig, Fakultät für Geistes- und Erziehungswissenschaften.

STRECKER, S. (2013): *Strategische Defizite beim Bearbeiten mathematischer Probleme.* Masterarbeit, TU Braunschweig, Fakultät für Geistes- und Erziehungswissenschaften.

WAGNER, E. (2013): *Empirische Erkundungen zu Strategiefehlern beim Bearbeiten mathematischer Probleme.* Masterarbeit, TU Braunschweig, Fakultät für Geistes- und Erziehungswissenschaften.

ABBILDUNGSVERZEICHNIS

Abbildung 60: Anteil erkannter/nicht erkannter Wissensfehler

I. TRANSKRIPTE UND AUFZEICHNUNGEN DER VERSUCHSPERSONEN

Anlage 1: Videotranskript der Versuchsperson 1 (VS-VP1-S5 Video)

0:16	Also, erstmal wieder die Aufgabe durchlesen, raus schreiben was man hat. /// Man hat keinen rechten Winkel, / d.h. der Pythagoras kann einem auch nicht weiterhelfen. //	
1:00	Erstmal die Seiten beschriften. Die Seite heißt a [beschriftet die Seite BC], b und c [beschriftet die Seite AC mit b und die Seite AB mit c]. ///	
1:30	Der Winkel [zeigt Winkel γ] ist doppelt so groß wie der [zeigt Winkel α], d.h. wenn man noch einen Winkel, einen weiteren Winkel β einführt, [zeichnet den Winkel β ein] dann sind 180° sind gleich $\beta + \gamma + \alpha$. [schreibt $180° = \beta + \gamma + \alpha$] Für das γ kann man $\beta + 3\alpha$ [schreibt $180° = \beta + 3\alpha$] ///	
2:36	So nach β umstellen, das sind $180° - 3\alpha$ sind β [schreibt $180° - 3\alpha = \beta$] // Jetzt sollte man noch das Verhältnis zwischen den Dreien, [zeigt die Seiten?] d.h. wenn man das jetzt... könnte man noch γ umformen, / wenn man es wollte. 180° [schreibt 180°] / hier [zeigt auf die erste Gleichung $180° = \beta + \gamma + \alpha$] könnte man $\frac{1}{2}$ / $-\frac{3}{2}\gamma = \beta$. [schreibt $-\frac{3}{2}\gamma = \beta$] /	
4:04	So, wo hilft mir das weiter? Nicht richtig. /////	
4:56	Man weiß auch // nee, weiß man gar nicht. ///	
5:25	Man kann jetzt noch mal die Höhe einzeichnen, dann hat man wenigstens einen rechten Winkel. [legt das Geodreieck an um die Höhe h_c einzuzeichnen, nimmt es dann jedoch wieder weg] Da nehme ich am besten eine neue Zeichnung. [zeichnet die Skizze genau ab und fügt die Höhe h_c hinzu] Dann hat man da einen rechten Winkel, α und γ [zeichnet den rechten Winkel, α und γ ein, benennt die Eckpunkte mit A, B und C und die Seiten mit a, b und c]	
6:50	D.h. man könnte, die Seite nennen wir mal d, [beschriftet die Höhe h_c mit d] // Wie rum war jetzt der Satz des Pythagoras? $a^2 + b^2 = c^2$ Lieber einmal mehr nachgucken. /////	
8:09	Der „tte-Anteil" von c zum Quadrat $+d^2 = b^2$, [schreibt: $tc^2 + d^2 = b^2$] dann der „xte-Anteil" von c zum Quadrat $+d^2 = a^2$. [schreibt: $xc^2 + d^2 = a^2$] Das könnte man nach d umformen, da oben einsetzen. $xc^2 - a^2 = -d^2$ [schreibt: $\Leftrightarrow xc^2 - a^2 = -d^2$] Vorzeichen umdrehen [hat nun auf dem Papier stehen: $\Leftrightarrow -xc^2 + a^2 = +d^2$], dann kann man das da oben einsetzen, das d, d.h. $tc^2 - xc^2 + a^2 = b^2$.[schreibt:	

	$tc^2 - xc^2 + a^2 = b^2$] /////
10:40	Diese Länge ist xc [bezeichnet die Strecke $\overline{H_c B}$ mit xc] und diese Länge ist tc. [bezeichnet die Strecke $\overline{H_c B}$ mit tc] Jetzt bräuchte man ein Verhältnis. /////
11:47	Was macht man als Nächstes? //// Vielleicht xc oder tc durch b und d beschreiben? Aber bleibt eh drin. b und a ist das Gesamte. // Ich muss bestimmt irgendwas mit den Winkeln machen. Wie helfen mir die Winkel noch weiter? //
12:57	Das sind 90° [zeigt den Winkel an der Höhe] /// Stellen wir mal für die kleineren Dreiecke...180°= $\alpha + t\gamma + 90°$ und $180° = \alpha$ ach quatsch $x\gamma + 90° + \beta$. [schreibt: 180°= $\alpha + t\gamma + 90°$ und $180° = x\gamma + 90° + \beta$] Das kann man umformen zu $90° = \alpha + t\gamma$. [schreibt hinter die erste Gleichung: $\Rightarrow 90° = \alpha + t\gamma$] Das sind dann $90° = x\gamma + \beta$. [schreibt hinter die zweite Gleichung: $\Rightarrow 90° = x\gamma + \beta$] //
15:13	Dafür kann man ja... $90° = \alpha + 2t\alpha$ [schreibt $90° = \alpha + 2t\alpha$] // also sind $90° = 3t\alpha$, [schreibt $90° = 3t\alpha$] jetzt noch durch 3 teilen, d.h. $30° = t\alpha$. [schreibt $30° = t\alpha$ // $= \frac{1}{2} + \gamma$] /////
17:15	Wenn man das mit a und b alles beschreibt, also mit Vektoren arbeitet. [zeichnet erneut ein Dreieck, nennt die Eckpunkte A, B und C und die Seiten $\vec{a}$, $\vec{b}$ und $\vec{c}$] D.h. $-\vec{a} + \vec{b} = \vec{c}$ [schreibt $-\vec{a} + \vec{b} = \vec{c}$] /////
18:40	Das kann doch nicht stimmen. [streicht die Vektorengleichung durch]
18:50	Welchen Weg verfolge ich weiter? ///
19:14	Wenn man dort ein Parallelogramm anheftet, hilft das? [zeichnet aus dem vorgegebenen Dreieck ein Parallelogramm] //// Jetzt haben wir auch nirgendwo einen rechten Winkel. /////
20:54	Vielleicht mit der Mittellinie? [legt das Geodreieck an die Seite b] Kann man damit mehr beschreiben? [misst den Mittelpunkt der Seite c ab und zeichnet die Seitenhalbierende der Seite c ein] Dann habe ich auf c den Mittelpunkt, also $\frac{1}{2}c$. /// Winkelhalbierenden [misst die Winkelhalbierende des Winkels α ab] Hilft mir die weiter? [zeichnet die Winkelhalbierende ein] Das ist zufälligerweise auch der Mittelpunkt von [misst dies aus] /////
23:36	Welche Formeln könnten mir noch weiterhelfen? ////
24:04	Also das ist c und das ist a. [benennt die Parallele zu c im Parallelogramm mit c und die Parallele zu a mit a] // D.h. das musste γ sein und das α und das β . [beschriftet die Winkel] ////
25:10	[zeichnet die zweite Diagonale in das Parallelogramm] So, jetzt habe ich alle Seitenhalbierenden. Ist gleichzeitig die Winkelhalbierende.
26:06	D.h. ja auch: Seite c ist... Nee ein neues Blatt. [nimmt ein neues Blatt] Gehen wir mal von der Lösung aus, die wir ja schon wissen. Da c [beschriftet die Seite c des Dreiecks] Da c^2 . C ist 6,2. [zeichnet das

	Quadrat über c] Das ist c^2. Das ist $a^2 +$, also a zum Quadrat, 3,7. [zeichnet das Quadrat über a] und das ist b+a, a^2 3,7 / 3,7. Das ist $a \cdot b$. [zeichnet das Quadrat über b] Jetzt muss ich beweisen, dass das plus das das ergibt. [zeigt erst $a \cdot b$, dann a^2 und anschließend c^2] /////
29:19	Wie kommt man von den Winkeln auf die Längen? [beschriftet die Seiten] // Erstmal die Längen rausgeschrieben. a ist ca. 3,7cm, b ist ungefähr 6,3cm und c ist ungefähr 6,2 cm lang, [misst die Seiten aus und schreibt auf $a \approx 3,7cm, b \approx 6,3cm, c \approx 6,2cm$] d.h. $6,2^2 = 3,7^2 + 6,3 \cdot 3,7$, da sind [schreibt die Rechnung auf, rechnet sie aus und schreibt: $38,44 = 13,69 + 23,31$] 3,7 · 3,7 sind 13,69 +23,31, d.h. $38,44 \approx 37,00$ [schreibt dies auf] Das passt doch ungefähr. Mit speziellen Werten hätte ich es bewiesen. Jetzt könnte man noch irgendwo einen Messfehler entdecken. //
32:52	[zeichnet die Höhe h_c ein und verlängert sie in das Quadrat über c] /// Was mache ich jetzt mit den Winkeln? /// Wenn man // Richtung /// Ja, $\alpha +$ den Anteil. Wie war denn das? Wenn an einen Winkel rauskriegen will, dann muss man // Formelsammlung hilft, dass man sich an irgendwelche Sachen erinnert, die man vielleicht vergessen hat. /////
35:58	D.h. nach der Formelsammlung die Seite b durch den Sinus b, also durch γ c herausfinden. Also c durch sin γ ist gleich, jetzt haben wir α , a durch sin α . [schreibt: $\dfrac{c}{\sin \gamma} = \dfrac{a}{\sin \alpha}$] So $a = \dfrac{c \cdot \sin \alpha}{\sin \gamma}$ [schreibt dies auf] Ist hier auch γ ? [schaut in die Formelsammlung] Ich müsste dringend mal die griechischen Buchstaben lernen. Ja γ . D.h. $a = \dfrac{c \cdot \sin \alpha}{\sin 2\alpha}$ [schreibt jedoch: $a = \dfrac{c \cdot \sin \alpha}{\sin 2\gamma}$] // [rechnet etwas im Taschenrechner] Mal überlegen: Ist sin 2 = 2 oder? ///// Wird es wohl sein, also c...Das muss ja α sein. [korrigiert das sin 2γ zu sin 2α] $\dfrac{c}{2}$ [schreibt dies auf] ///
39:48	D.h. ungefähr die Hälfte von der Strecke. [zeigt auf a] / Naja passt fast. / Naja. Also $\sin 2\alpha$ [streicht bei $\dfrac{c}{2}$ die 2 durch und schreibt: sin 2] /////
41:50	Aha, das sind ungefähr 0,9, also wenn man jetzt c, nee dann müsste c etwas größter werden. Das kann auch nicht stimmen. /// Das ist ein Faktor, den kann man ja auch vorstellen. [streicht sin vor der 2 durch] / Nochmal zur Veranschaulichung, wenn man Strecke a [projiziert die Strecke a auf c mithilfe des Zirkels] Das ist niemals die Hälfte. Das ist ungefähr 2:3. ///
43:35	So das ist doch sin2. / Das bringt mich ja noch weiter von dem Ergebnis weg. // D.h. /////
44:48	Kann man noch irgendwas machen? // Die Seite ist b [zeigt Seite b im Dreieck] Vielleicht sollte ich auch mal versuchen einfach die Formel zurückzuformen. [schreibt: $c^2 = a \cdot (a+b)$, $c^2 = a^2 + ba$] So, / jetzt / weiß ich, dass a, also $c^2 = \left(\dfrac{c \cdot \sin \alpha}{\sin 2\alpha} \right)^2 + \left(\dfrac{b \cdot c \sin \alpha}{\sin 2\alpha} \right)$ [schreibt dies

	auf], d.h. das kann man jetzt zusammenschreiben: $c^2 = \dfrac{c\sin\alpha}{\sin 2\alpha}$.[schreibt dies] Das kann man gar nicht zusammenschreiben. [streicht es wieder durch] Durch das Quadrat. Das c kann man aber davor schreiben. $= c\cdot\left(\dfrac{\sin\alpha\cdot c^2}{\sin 2\alpha}\right)+\left(\dfrac{b\cdot\sin\alpha}{\sin 2\alpha}\right)$ [schreibt dies, streicht aber bei c^2 das Quadrat weg] Da gehört kein Quadrat hin. [schreibt das Quadrat an die erste Klammer]	
48:30	So, dann kann man jetzt durch c teilen, d.h. das sind dann [schreibt: $c = \dfrac{\sin\alpha^2\cdot c}{(\sin 2\alpha)^2}+\dfrac{b\cdot\sin\alpha}{\sin 2\alpha}$ und spricht es mit] /// D.h. dass man das hier einfach zusammen fassen kann. [zeigt auf $\dfrac{\sin\alpha^2\cdot c}{(\sin 2\alpha)^2}$] // Versuchen wir es einfach mal: $\cdot\sin 2\alpha^2$ [schreibt dies auf] $c\cdot(\sin 2\alpha)^2 = \sin\alpha^2\cdot c + b\cdot\sin\alpha\cdot(\sin 2\alpha)^2$ [schreibt dies auf] /////	
51:30	Wenn ich nur wüsste, ob man für $\sin 2\alpha$ $2\sin\alpha$ einfach schreiben darf. Einfache Umformungsregel. [guckt in die Formelsammlung] /////	
52:19	$\sin 2\alpha$ sind $2\sin\alpha\cos\alpha$. Dann benutze ich einfach mal den Ausdruck. Also $\quad c\cdot(2\sin\alpha\cos\alpha)^2 = \sin\alpha^2\cdot c + b\cdot\sin\alpha\cdot(2\sin\alpha\cos\alpha)^2$ [schreibt dies auf], d.h. das sind $4b\cdot\sin\alpha^3\cdot\cos\alpha$ [schreibt dies unter den hinteren Teil der Gleichung] $\sin\alpha^2\cdot c$ [schreibt dies unter den mittleren Teil] $4c\cdot\sin\alpha^2\cdot\cos\alpha$ [schreibt dies unter den linken Teil der Gleichung und macht ein Sternchen hinter die letzte Zeile der Rechnung] Ich mache hier oben weiter. D.h. man kann $\sin\alpha^2$ ausklammern und dadurch teilen. Das wäre dann: $4c\cdot\cos\alpha = c + 4b\cdot\sin\alpha\cdot\cos\alpha$ [schreibt dies auf]. Da es eine äquivalente Umformung ist Umformungsstriche setzen. [macht Äquivalenzzeichen vor die einzelnen Schritte der Rechnung]	
55:46	So, was bringt mich hier jetzt weiter? /// Durch 4? Durch c? [schreibt: $\cos\alpha = \dfrac{1}{4}+\dfrac{b\cdot\sin\alpha\cdot\cos\alpha}{c}$] // Das kann man mit c erweitern, d.h. $\cos\alpha = \dfrac{1c+4b\cdot\sin\alpha\cdot\cos\alpha}{4c}$ [schreibt dies auf] ///// Das hilft mir eh nicht soviel weiter, also $\cos\alpha = \dfrac{1}{4}+\dfrac{b\cdot\sin\alpha\cdot\cos\alpha}{c}$ [schreibt dies auf das alte Blatt]	Überprüfen, ob wirklich das aufgeschrieben wurde
58:35	Wie löst man Sinus und Kosinus am Geschicktesten auf? [guckt in der Formelsammlung]	
1:00:02	$\cos\alpha$ sind dann // $\sin(90°-\alpha) = \dfrac{1}{4}+\dfrac{b\cdot\sin\alpha\cdot\sin(90°-\alpha)}{c}$ [schreibt dies auf] //// [macht Äquivalenzpfeile vor die letzten Schritte]	

0:30	Jetzt habe ich erstmal wieder die ganzen Formeln mir in de Kopf gerufen, was man für Dreiecke braucht, dann habe ich natürlich als Erstes an den Pythagoras gedacht. Den konnte man aber nicht sofort nehmen, da ich noch keinen rechten Winkel in der Figur hatte. /////	
1:47	Jetzt habe ich erstmal überlegt, dass in einem Dreieck die gesamte Winkelsumme 180° sind. /////	
2:56	Jetzt habe ich das einfach nach den Winkeln umgestellt, so dass ich ungefähre Anhaltspunkte hatte wie groß die Winkel sind, sein sollen. /////	
4:17	Jetzt habe ich überlegt, ob mir die Rechnung weiter geholfen hat, ob man dadurch irgendwelche anderen Formulierungen entwickeln könnte. Jetzt habe ich die Winkel verglichen, mit dem Augenmaß. /////	
5:37	Jetzt habe ich nach einem rechten Winkel gesucht in der Zeichnung und den auch gefunden, in der Höhe. /////	
7:26	Jetzt habe ich noch mal in der Formelsammlung geguckt, was man mit dem Satz des Pythagoras und anderen Formeln anfangen kann. /////	
8:47	Jetzt habe ich erstmal die zwei neu entstandenen Dreiecke beschrieben, indem ich zwei Unbekannte eingeführt habe, zwei unbekannte Größen, in welchem Verhältnis die geteilt werden. /////	
9:49	Jetzt habe ich das in eine Formel, also alle äh die beiden Dreiecke in eine Formel geschrieben, so dass wenn man t und x kennen würde so ziemlich auf die Lösung gekommen wäre. /////	
10:57	Jetzt habe ich noch mal die beiden kleineren Seiten beschriftet. /////	
11:58	Jetzt habe ich wieder ähm mit der Formel, die man vorgegeben hatte, also das $c^2 = a^2 \cdot (a+b)^2$ verglichen, wie man darauf kommen könnte. /////	
13:00	Jetzt habe ich überlegt, was man alles mit Winkeln anstellen kann um auf Längen zu kommen. /////	
13:54	Jetzt habe ich die Winkel in den einzelnen Dreiecken noch mal aufgestellt. /////	
15:56	Jetzt habe ich wieder die, also was ich oben gegeben hatte, dass $\gamma = 2\alpha$ ist, eingesetzt. /////	
17:22	Jetzt habe ich mir überlegt, ob man vielleicht doch anders weiterkommen sollte, mit Vektoren, da man ja durch zwei Seiten die dritte immer beschreiben kann. Vorausgesetzt sie haben nicht die gleiche Richtung, Ausrichtung / oder äh ja nicht die gleiche Richtung. /////	
18:28	Jetzt habe ich mir überlegt, ob mich das wirklich weiter bringt und da die Lösung oben total anders aussieht als die Vektor c mit Vektoren ausgedrückt. ////	
19:01	Und den Vektorenweg habe ich auch aufgegeben, da oben Winkelzusammenhänge angegeben waren und bei Vektoren fast nie Winkel hat. Außerdem weil ich nicht weiß wie man damit rechnet, wusste ich da, dass es mir nicht weiterhilft. ///	
19:33	Jetzt habe ich überlegt, ob man vielleicht mit anderen Figuren arbeiten sollte oder kann als mit Dreiecken. /////	

20:56	Jetzt habe ich versucht irgendwelche weiteren Linien einzubauen, die mir helfen. /////	
22:04	Jetzt habe ich versucht über die Winkelhalbierenden irgendwas zu machen, da die Winkel ja gegeben sind. /////	
22:48	Jetzt habe ich noch festgestellt, dass in meiner Zeichnung anscheinend die Seitenhalbierenden also die Winkelhalbierende gleich der Seitenhalbierenden ist, also vom Winkel α zur Seite a.	
23:43	Jetzt habe ich wieder nach Formen gesucht die mir weiterhelfen können, also nach anderen bis auf die Linien, die ich bis jetzt gefunden habe und die mir nicht sehr weitergeholfen haben. Jetzt habe ich versucht mit aller Kraft / gedachte Linien einzufügen, was sogar soweit ging, dass ich eine senkrechte Linie auf c zeichnen wollte, die im Mittelpunkt von c ist. Das habe ich dann aber gelassen, da ich gemerkt habe, dass mit das nicht weiterhilft, da das äh da es die Aufgabe noch komplizierter macht. /	
24:26	Jetzt habe ich in die obere Zeichnung noch weitere Winkel eingebaut, also die Winkel übertragen, da das ein gespiegeltes Dreieck ist im Parallelogramm. /////	
26:30	Jetzt habe ich versucht erstmal es mir bildlich vorzustellen, indem ich ein Quadrat in der Größe von c, also c^2 gezeichnet habe an die Figur und an die anderen Seiten natürlich auch die anderen Figuren, also a^2 und $b \cdot a$. /////	
28:30	So jetzt habe ich visualisiert was in der Aufgabe gegeben war. /////	
29:27	Jetzt habe ich versucht mich an den Zusammenhang zwischen Winkeln und Längen zu erinnern. // Jetzt habe ich mir in Einheiten Rechnungen durchgeführt, so dass ich wenigstens ein Ergebnis habe. /////	
31:30	Jetzt habe ich das ausgerechnet und so wollte ich dann versuchen das zu beweisen mit konkreten Werten. / Wobei der Messfehler bei dieser Rechnung ziemlich niedrig war, da man alles quadriert und so der Fehler von 1cm bei drei verschiedenen Werten, die auch noch quadriert werden, relativ gering sind. /////	
33:07	Jetzt habe ich wieder eine senkrechte Linie auf der Geraden c gezeichnet, da ich meinte mit der könnte man am Besten das Dreieck ausdrücken, da sie noch einen rechten Winkel mit der Strecke c bildet. /////	
34:49	Jetzt habe ich mir überlegt, ob es mit Sinus oder Kosinus geht bzw. auch dem Tangens. /////	
36:10	Jetzt habe ich gefunden wie man Sinus mit den Längen verbindet. /////	
37:04	Jetzt habe ich die Formel nach a umgestellt. /////	
37:35	Jetzt wusste ich nicht, ob man den griechischen Buchstaben wirklich Gamma ausspricht oder ob er anders heißt. Das wollte ich einfach nur herausfinden, hatte nichts mit dem mathematischen Problem zu tun. /////	
39:01	Jetzt habe ich überlegt, ob man für sin2 einfach 2 einsetzen kann oder ob da irgendwas anderes rauskommt als 2.	
39:47	Jetzt habe ich das anhand der Zeichnung noch mal überprüft, ob das stimmen kann, / da ich auch nicht wusste, ob ich das korrekt gerechnet hatte. / Obwohl das fast eher negativ war. /////	

40:47	Bei dieser Aufgabe habe ich auch sehr viel versucht mit dem Taschenrechner zu machen und der Formelsammlung, da dadurch mir vielleicht andere Ideen gekommen wären, die mir beim Lösungsweg helfen könnten. /////	
43:00	Jetzt habe ich versucht die Strecke a auf die Strecke c zu projizieren und so ungefähr ein Verhältnis herauszufinden. /////	
45:20	Jetzt habe ich versucht vom Ergebnis, also die Lösung, die man schon vorgegeben hat, einfach zu nehmen und die solange umzuformen bis man ein, also eine Beschreibung der Form hat, wie man es durch das ausdrücken kann. /////	
46:46	So jetzt habe ich die Formel von oben genommen für c, also für a meine ich und habe die da eingesetzt. /////	
47:35	Jetzt wollte ich das erst zusammenschreiben, also auf einen Bruchstrich. /////	
48:30	Jetzt habe ich es einfach nur umgeformt und das c ausgeklammert. /////	
50:15	Jetzt habe ich einfach ein bisschen an der Formel herum experimentiert, indem ich einfach irgendwelche, also nicht irgendwelche, sondern sinnvolle Zahlen subtrahiert, multipliziert oder addiert, also irgendwas damit gemacht habe. /////	
51:45	Jetzt habe ich überlegt, ob man einfach die 2 vorschreiben darf als Faktor oder ob die 2 auch noch vom Sinus abhängt und somit kein Faktor ist. Da habe ich wieder die Formelsammlung zur Hand genommen um dort irgendwas Nützliches zu finden. Ich habe immer noch gehofft, dass ich in der Formelsammlung auf irgendeine andere Formel stoße, die mir schlagartig das Problem klar macht. /////	
53:39	Jetzt habe ich zusammengefasst. // Da man ja Multiplikationen einfach ohne / Klammern schreiben darf. Man muss es ja nur richtig ausklammern. /////	
55:35	Sonst könnte man nicht behaupten, dass es gleich wäre und somit hätte man die Aufgabe nicht erfüllt, wenn man die Gleichheitspfeile nicht schreiben würde. /////	
1:00:00	Jetzt habe ich einfach noch nach weiteren Umformungsschritten gesucht, obwohl ich jetzt eigentlich schon aufhören hätte können, da ich nicht weiterkam. Ich habe einfach nur noch versucht mit aller Gewalt noch etwas an der Formel zu ändern, so dass ein zufriedenstellendes Ergebnis herauskommt.	

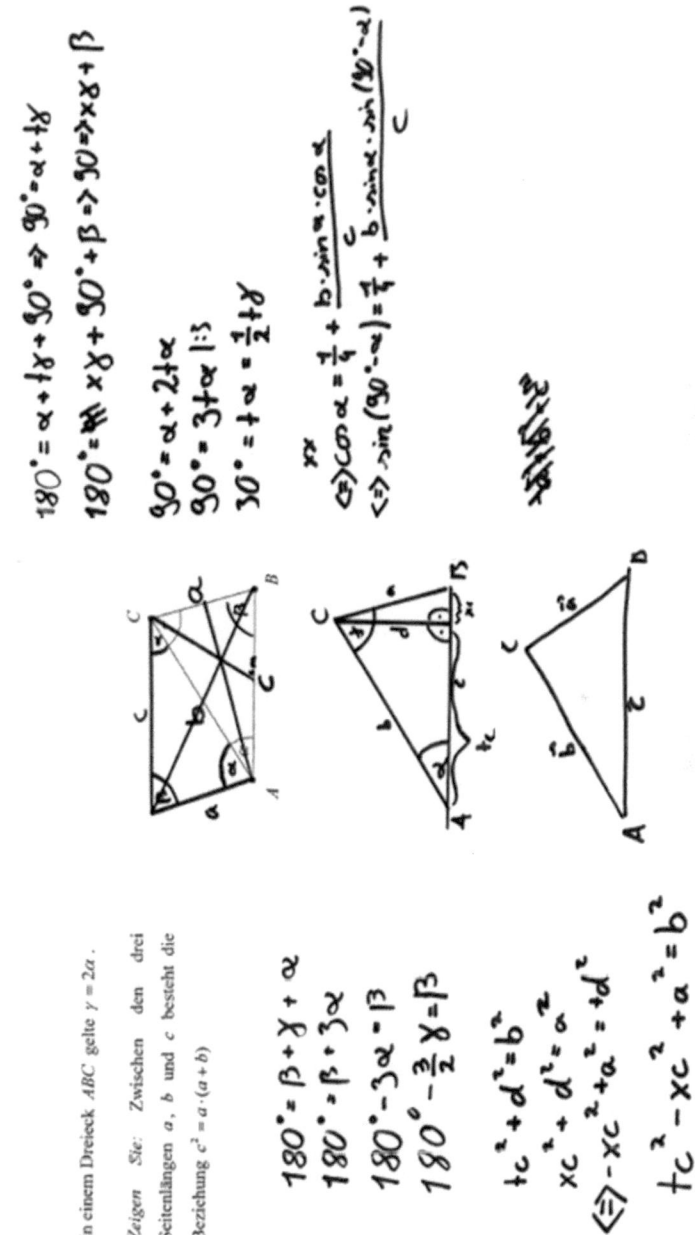

In einem Dreieck ABC gelte $\gamma = 2\alpha$.

Zeigen Sie: Zwischen den drei Seitenlängen a, b und c besteht die Beziehung $c^2 = a \cdot (a+b)$

In einem Dreieck ABC gelte $\gamma = 2\alpha$.

Zeigen Sie: Zwischen den drei Seitenlängen a, b und c besteht die Beziehung $c^3 = a \cdot (a+b)$

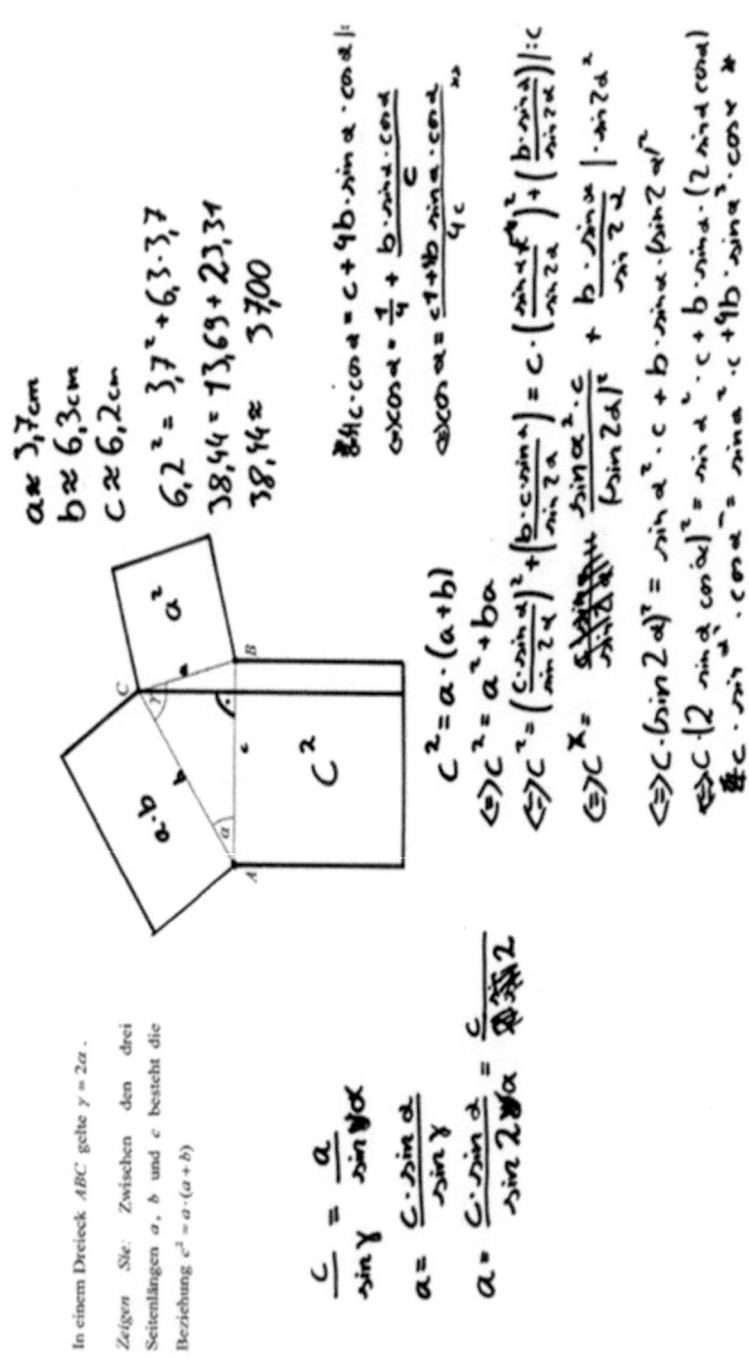

0:41	OK, zu erst zeichne ich die Seitenlängen a, b und c ein. Das müsste c, a und b sein. [benennt die Seiten mit a, b und c]	
1:09	Das sieht ein bisschen aus wie Pythagoras, aber...	
1:37	Erstmal $c^2 = a^2 + ab$ [multipliziert die zu zeigende Gleichung aus] Das würde heißen $c^2 = a^2 + ab$ [zeigt dabei die Seiten des Dreiecks] //	
2:07	[misst die Seiten des Dreiecks ab] /// OK, das ist ein gleichschenkliges Dreieck [schreibt dies neben die Skizze]	
2:38	Jetzt gucke ich in der Formelsammlung, ob da irgendwas noch dazu steht. /////	
4:32	OK [schreibt hinter $\gamma = 2\alpha \Leftrightarrow \alpha = \frac{\gamma}{2}$ und misst anschließend die Winkel ab] Der ist ungefähr 72° [meint β], der ist auch 72° [hat γ ausgemessen] Häh, das verstehe ich nicht. [schaut in die Formelsammlung] Das bringt nichts.	
6:23	$\gamma = 2\alpha$ [blättert in der Formelsammlung]	
7:08	Ich brauche hier irgendwie ein rechtwinkliges Dreieck. /////	
7:44	Die Beziehung $c^2 = a^2 + ab$. //// [legt das Geodreieck senkrecht an die Seite c / und verschiebt es wieder] //	
9:06	Wie kann ich hier ein rechtwinkliges Dreieck einzeichnen? [legt das Geodreieck als Höhe h_b an das Dreieck] Wenn ich das aber so mache, dann habe ich nur eine Seite a. Das bringt auch nicht viel. c. [schiebt das Geodreieck immer wieder an verschiedene Seiten des Dreiecks]	
9:52	OK, dann mache ich es anders. c^2 , d.h. // Die Seite ist 6,1 [meint c und misst b anschließend ab] Häh? / Gleichschenkliges Dreieck.	
11:10	Und was kann ich damit machen? Die Information muss ich auch irgendwie einbringen. [zeigt auf $\gamma = 2\alpha$] $\gamma = 2\alpha$. Das heißt ja dieser Winkel ist doppelt so groß wie α. Nee, der ist doppelt so groß wie dieser. [zeigt erst α und dann γ]	
12:25	OK, ich versuche es einfach so. [zeichnet das Quadrat über c] OK, das ist auch c [beschriftet die Seiten des Quadrats mit c, schraffiert die Fläche und benennt sie mit c^2] und die soll genauso groß sein wie a^2 , 3,7 [zeichnet das Quadrat über a, benennt die Seiten mit a, schraffiert die Fläche und schreibt in diese a^2] Die Fläche ab [zeichnet eine parallele Strecke zu AB durch C] Ach das geht gar nicht. / Das ist wieder 3,7. [verbindet den Punkt A mit dem Ende der Parallelen zu AB, beschriftet die Seiten mit a und b und die Fläche mit ab] Das ist ab. Die und die sollen jetzt die ergeben. [zeigt a^2 und ab] /////	
16:15	OK, dann können wir es ja einfach mal ausrechnen, weil ich mit Winkeln und irgendwelchen Gesetzen leider nicht so viel anfangen kann, wüsste ich jetzt nicht wie ich es anders machen soll. Also 6,2 oh mit Edding. [schreibt erst 6,2 auf und streicht es dann wieder] Also, $c^2 = 6,2^2 = 38,44 FE$. Also $a^2 = 3,7^2 = 13,69 FE$ und $ab = 3,7 \cdot 6,2 = 22,94 FE$. [schreibt dies auf und ergänzt: $\Rightarrow 13,69 FE + 22,94 FE = 36,63 FE$] Müsste ja eigentlich das ergeben [zeigt auf $c^2 = 6,2^2 = 38,44 FE$], aber ergibt es nicht. Wahrscheinlich wegen Messfehlern, aber jetzt habe ich so eine Idee.	

18:37	b ist ja genauso groß wie c, also könnte ich das doch ersetzen, also würde ich einfach schreiben $c^2 = a \cdot (a+c)$, dann würde es heißen... Geht das denn? B ja ist genauso lang wie c, also $c^2 = a^2 + ac$. [schreibt dies auf] Und was bedeutet das jetzt? / Das würde bedeuten c^2 ist gleich das plus [zeigt auf a^2] so eine Figur quasi. / Nee, das geht ja gar nicht.	
20:18	Ich frage mich, wie ich irgendwas umformen kann, damit ich darauf komme. Irgendwie Pythagoras, das ist ja klar wegen dem c^2, d.h. das müsste die Hypotenuse sein, d.h. hier müsste irgendwo ein rechter Winkel sein, aber irgendwie klappt das nicht. /////	
21:40	OK ich kann ja mal versuchen. [legt das Dreieck als Höhe h_c an] Das bringt aber auch nichts. Dann mache ich es so. [zeichnet h_c ein] Dann hätte ich hier einen rechten Winkel und hier einen rechten Winkel. [zeichnet die rechten Winkel am Lotfußpunkt ein] Dann ist die Seite a= // Hier habe ich nämlich irgendwie solche Formel gefunden, wo auch so eine ähnliche Beziehung auftritt in der Formelsammlung, aber ich kann das nicht anwenden, wegen diesem rechten Winkel, der hier irgendwie ganz anders ist. Ja mit Sinus und Kosinus komme ich jetzt auch nicht weiter.	
23:20	Diese Seite kann ich auch / Jetzt messe ich das noch mal nach, ob es genau 6,2 war [misst die Seite c] Naja eigentlich eher 6,1. Dann kann ich das jetzt verbessern. [verbessert ihre Rechnung zu: $6,1^2 = 37,21$] Sind das 3,7? Ja und dann mache ich $3,7 \cdot 6,1 = 22,57$. Naja die Abweichungen sind immer noch da, aber besser geht es jetzt auch nicht.	
24:52	Und ich wüsste jetzt echt nicht was ich hier anwenden soll. $c^2 = a^2 + ac$. c^2 [zeigt die Seite c] //// Ich weiß es nicht. /// Gibt es nicht noch irgendwelche Winkelgesetze wo ich... [blättert in der Formelsammlung]	
26:23	OK, ich gebe auf.	

4:49	Ja in der Formelsammlung war halt so eine Formel für die Winkel und ich dachte vielleicht kann sie mir was bringen, aber da ist man irgendwie davon ausgegangen, dass die beiden Winkel, also hier in dem Falle γ und der eine unbeschriftete, gleichgroß sein müssen, aber bei mir, also auf dieser Zeichnung war das halt nicht der Fall und das hat mich irgendwie ein bisschen verwirrt. /////
6:11	Ja dann habe ich versucht halt irgendwo ein rechtwinkliges Dreieck einzuzeichnen, dann könnte ich auf weitere Gesetzmäßigkeiten zukommen, vielleicht auf Pythagoras oder auf andere Sachen, aber immer wenn ich versucht habe ein rechtwinkliges Dreieck einzuzeichnen, war nur eine Seite bekannt und ich wüsste nicht, wie ich dann irgendwie weiterrechnen soll, also das es irgendwas bringt und dann habe ich es einfach gelassen. ////
7:00	Ja und da ich halt nicht soviel Basiswissen zum Thema Winkel habe, habe ich einfach versucht noch irgendwas vielleicht in der Formelsammlung zu finden, was mich, also was mir ein bisschen weiterhilft, aber irgendwie kam ich da auch nicht ganz zu recht. /////
8:08	Ja ich habe auch versucht irgendwie, das so einzurichten das c die Hypotenuse sein kann, weil es schon so aussieht, also $c^2 =$, als ob hier gegenüber der rechte Winkel sein müsste, aber das ergab irgendwie auch keinen Sinn. Also irgendwie wüsste ich auch nicht wie ich das machen sollte. /////
10:48	Ich habe halt die ganze Zeit versucht zu überlegen wie ich das lösen kann, so theoretisch damit es durch irgendwie Ersetzen von diesen Buchstaben zu dieser Form da kommt, wie es verlangt ist. Aber ich könnte da wirklich die ganze Zeit überlegen und deswegen habe ich irgendwann einfach aufgehört, weil ich würde eh auf kein richtiges Ergebnis kommen, weil ich mich damit einfach nicht so auskenne. ///
11:32	Ja diese Angabe hat mich auch irgendwie ein bisschen verwirrt. ////
12:00	Und ich wusste irgendwie diese Angabe muss ja irgendwie in der Rechnung vorkommen, ich muss sie irgendwie anwenden und ja von vornherein war mir schon klar, dass ich das irgendwie nicht einbringen kann, weil ich da einfach nicht dieses Grundwissen habe mit den Winkeln und mit diesen ganzen Gesetzmäßigkeiten. Deswegen habe ich es eigentlich relativ schnell aufgegeben. //
12:33	Ja da habe ich einfach die Flächen eingezeichnet und den Flächeninhalt berechnet und geguckt ob genau dasselbe dabei rauskommt. /////
13:32	Ich dachte wenn ich was einzeichne, dann sehe ich vielleicht irgendetwas was ich so nicht gesehen habe, aber, ich weiß auch nicht. /////
17:28	Ja ich habe gesehen halt, dass es auffällig ist, dass sich dieses Dreieck sich so unten an der Seite c so spiegelt. In dieser Fläche c^2. Ich dachte vielleicht, dass das irgendwie auffällig ist. Das man irgendwie damit weiterarbeiten kann, aber wusste ich jetzt auch nicht genau warum, also wie es gehen soll und deswegen habe ich es gelassen. /////
19:56	Ja jetzt habe ich überlegt, ob ich das irgendwie noch so umsetzen kann. Aber ja ich wüsste auch nicht wie. /////

Anlage 6: Schriftliche Aufzeichnungen der Versuchsperson 2 (VS-VP2-S5)

In einem Dreieck ABC gelte $\gamma = 2\alpha$. $\Longleftrightarrow \alpha = \frac{\gamma}{2}$

Zeigen Sie: Zwischen den drei Seitenlängen a, b und c besteht die Beziehung $c^2 = a \cdot (a+b)$

$c^2 = a^2 + ab$

$c^2 = a \cdot (a+b)$

$c^2 = a^2 + ac$

Gleichschenkliges Dreieck

$c^2 = 61^2 = 3721 \ FE$

$a^2 = 37^2 = 1369 \ FE$

$a \cdot b = 37 \cdot 22 = 79...$

$= 1369 \ FE + 22...$

$= 36...$

0:35	Also ich ? bereits die Aufgabe wieder indem ich sehe, dass halt hier die Winkel und die Seitenlängen beide mit einbezogen sind. / Dann soll ich ja die Beziehung da beweisen und die fängt an mit c^2 was auf den Satz des Pythagoras hinweisen könnte. // Also vermute ich, müsste man irgendwie das mit dem Sinussatz oder so machen. Ach nee dafür braucht man ja / einen rechten Winkel, fällt mir gerade ein. ///	?=nicht verstanden
1:53	Ich beschrifte mir das erstmal. [benennt die Seite c mit a] Das jetzt eigentlich beschriftet, welche Seite was ist. Ich hoffe das stimmt so. [beschriftet die Seite a mit b und die Seite b mit c] // Ich habe den Winkel aufgeteilt in 2α, [zeichnet per Augenmaß die Winkelhalbierende des Winkels γ ein] weil das gilt ja in diesem Dreieck, dass $\gamma = 2\alpha$ ist. ////	
3:03	Ich schaue jetzt mal in der Formelsammlung nach, erstmal so ganz stupide ohne Hintergrund, erstmal nur so. [liest in der Formelsammlung]	
3:50	Mir fällt gerade auf, dass ich das falsch beschriftet habe, da man immer einfach die gegenüberliegenden Seiten mit den jeweiligen Winkelnamen Seitenlängen abzeichnet. Jetzt ändere ich das einfach mal um. [ändert die Seitennamen] /	
4:17	Ja, ich habe eine Formel gefunden // in der c^2 vorkommt / und auch die Winkel miteinbezogen sind, daher könnte es stimmen. Ich schreibe mir die jetzt einfach erstmal auf und gucke mal ob man da irgendwie weiter dran rechnen kann. [schreibt: $\gamma = 2\alpha$] Ja. [schreibt: $c^2 = a^2 + b^2 - 2ab \cdot \cos\gamma$] /////	
6:34	Für $\cos\gamma$ könnte ich halt 2α einsetzen. // Ich glaube das bringt mit irgendwie nichts. // Da ich die Winkel ja nicht gegeben habe und das dann nicht ausrechnen kann. /////	
8:07	[blättert in der Formelsammlung]	
8:56	Ich überlege, ob ich aus dem Dreieck irgendwie zwei machen könnte. // Weil dann hätte ich, könnte ich nämlich alle Winkel irgendwie ausdrücken. Ich probiere das einfach erstmal. [verlängert die Winkelhalbierende des Winkels γ bis zu Seite c] Wenn das α ist und das α ist, dann ist das auch α. [zeigt die beiden Hälften des Winkels γ und α] Dann wäre das ja ein gleichschenkliges Dreieck. [schaut in die Formelsammlung] Nee ein gleich... ja doch. Dann müsste der Winkel ja $18 - 2\alpha$ sein. [zeigt den Winkel an der Winkelhalbierenden] /// und dieser Winkel...Ich schreibe mir das erstmal auf. Den nenne ich jetzt einfach mal, γ habe ich schon, also β. [benennt den Winkel an der Winkelhalbierenden mit β] $\beta = 180° - 2\alpha$ [schreibt dies auf] Dann könnte ich den ausrechnen [zeigt den anderen Winkel an der Winkelhalbierenden] Ich weiß auch bisher nicht, ob mir das irgendwas bringt oder...ich mach das erstmal. Den nenne ich δ. [beschriftet ihn] $\delta = 180°$, weil das auf einer Strecke liegt, die geteilt wird, $-\beta$ und das ist dann wiederum $180° - (180° - 2\alpha)$ [schreibt dies auf und markiert δ rot] und den könnte ich dann jetzt auch ausrechnen,	

	nämlich...mir fallen wieder keine Buchstaben ein. So nenne ich den jetzt mal μ. [beschriftet den ursprünglichen Winkel β des Dreiecks mit μ] Da haben wir dann wieder ein Dreieck mit α. $\mu = 180° - \alpha - \beta$. [schreibt dies auf und markiert μ grün] Für β kann ich dann wieder das einsetzen: $-\delta$ [streicht β durch und schreibt δ hin] und für δ kann ich das einsetzen. [schreibt: $180° - \alpha(180° - (180° - 2\alpha))$]] Dann habe ich jetzt, glaube ich, alle Winkel, aber bringt mir das was? /////	
16:49	Ich überlege wie mich das weiterbringt. ///// Ich befürchte leider gar nicht. /////	
18:08	Diese Formel wird irgendwie schon stimmen. [zeigt auf $c^2 = a^2 + b^2 - 2ab \cdot \cos\gamma$] / aber dann habe ich da einen Kosinus drin und den kann ich irgendwie nicht auflösen, quasi. /////	
19:22	Wobei ich da vielleicht eine Zahl für rauskriegen könnte für α, weil ich ja weiß, dass alles zusammen 180° hat / und //// und das wäre dann ja 180, also wenn ich eine Gleichung aufstellen müsste $180 = \alpha + 2\alpha + \mu$ ja und das bringt mich nicht weiter. Da habe ich ja trotzdem noch eine Unbekannte, die mich stört. Achso, wobei ich habe ja hier diese Gleichung aufgeschrieben. [zeigt auf $\mu = 180° - \alpha(180° - (180° - 2\alpha))$] dafür könnte ich das dann einsetzen. Vielleicht würde mir das weiterhelfen, leider nur vielleicht, aber mir bleibt nichts anderes übrig als es auszuprobieren.	
20:55	[schreibt: $c^2 = a^2 + b^2 - 2ab \cdot \cos 2\alpha$] So 2α. Ich schreibe das jetzt hier weiter, wobei ich mir noch nicht sicher bin ob das stimmt. [schreibt: $c^2 = a^2 + b^2 - 2ab \cdot \cos\left(180° - \alpha - \left(180° - (180° - 2\alpha)\right)\right)$] /////	
23:00	[blättert in der Formelsammlung]	
25:00	Egal, ich löse erstmal die Klammern auf. [schreibt: $c^2 = a^2 + b^2 - 2ab \cdot \cos\left(180° - \alpha - (180° + 2\alpha)\right)$] Ich mache das noch mal deutlich, denn da passieren mir immer Flüchtigkeitsfehler und das muss nicht sein. [schreibt: $c^2 = a^2 + b^2 - 2ab \cdot \cos$] /////	
27:48	Ich bin gerade komplett verwirrt irgendwie, weil die Klammer... ich habe das Gefühl das es falsch ist, weil irgendwie verwirrt komplett. Also mir fehlen gerade die...also eigentlich weiß ich wie mir fehlen aber im Moment, so Blackout mäßig. Beim Auflösen dieser Klammer jetzt das mal das plus das mal das mal das mache oder, ich glaube aber ich bin mir gerade überhaupt nicht sicher. /// Ich mache erstmal so und gucke dann was richtig ist, wenn es falsch ist, aber ich bin der Meinung nur das α, aber ich bin mir auch gerade überhaupt nicht sicher oder andersrum? [schreibt weiter: $\cos(180°\alpha + 180°)$] /// Nee das ist doof. Das muss beides hin. Das mal das mal das mal das. Das mal das mal das mal das. [streicht das eben geschriebene wieder durch] / Nee eigentlich wird das ja auch noch mal zusammengerechnet oder? Ich glaube hier müsste dann noch eine Klammer hin, da ein Minus zwischen. [klammert $180° - \alpha$ ein, sodass dann dort steht:	VP schreibt sehr klein. Aufzeichnungen schwer zu erkennen evtl. fehlerhaft

	$c^2 = a^2 + b^2 - 2ab \cdot \cos\big((180° - \alpha) - (180° + 2\alpha)\big)]$ Ich mache das jetzt erstmal so. Erstmal die Klammer auf / also das Minus da verwirrt mich jetzt da einfach komplett. [schreibt weiter: $\cos\big((180° + \alpha) + (180° - 2\alpha)\big)$] Ich blicke hier jetzt nicht ganz durch. [schreibt weiter: $a^2 + b^2 - 2ab \cdot \cos$ und nutzt den Taschenrechner] Dann müsste das wegfallen [schreibt: $\cos(180° // - 2\alpha / +)$] /////	
33:26	[rechnet etwas mit dem Taschenrechner und streicht anschließend die Klammer des Kosinus wieder durch und schreibt:]	Aufzeichnungen nicht erkennbar
35:48	So jetzt fasse ich das einfach noch einmal zusammen [schreibt: $a^2 + b^2 - 2ab \cdot \cos\left(-180^{°2}\right)$ /////	
36:59	Ich bin irgendwie gerade komplett verwirrt, grundlos aber. // Ich weiß nicht, ich habe ... das ist auf einmal so viel. Das verwirrt mich. Es sind so Kleinigkeiten, aber ich habe so was Blackoutmäßiges, dass sich in meinem Kopf alles vermischt hat. Ich weiß nicht, ich komme gerade überhaupt nicht darauf klar. Bei jedem noch so kleinen Schritt muss ich gerade überlegen und bin mir total unsicher. / Ich meine, das ist ja nicht schwer. / [guckt kurz in die Formelsammlung] /////	
38:37	Meiner Meinung müsste da jetzt das hin, aber ich bin mir überhaupt nicht sicher. [schreibt in der Klammer weiter: $\cos\left(-180^{°2} - \alpha\right)$] Wirklich unsicher sehr. Ich denke das geht auf die binomische Formel irgendwie hinaus, aber wahrscheinlich. Es sei denn, ich habe mich vertan, was gut möglich ist. [schreibt weiter: $\cos\left(-180^{°2} - \alpha + 3\alpha\right)$ und in der nächsten Zeile: $a^2 + b^2 - 2ab \cdot \cos$ ///// $\left(-180^{°2} + 2\alpha\right)$] Jetzt habe ich da ja trotzdem α drin. // Ich habe auf jeden Fall einen Fehler entdeckt. Das sind so kleine Fehler irgendwie das fällt mir gerade echt schwer. [verändert die Gleichungen, sodass in der letzten Zeile steht: $a^2 + b^2 - 2ab \cdot \cos\left(2\alpha^2\alpha - 180^{°2}\right)$] Ich gucke, ob ich mich nirgendwo verrechnet habe, dann würde es ja irgendwie vielleicht passen. /////	
42:40	Ich weiß nicht. Ich bin komplett im Kopf verdreht. Ich komme hier überhaupt nicht weiter, überhaupt nicht. In meinem Kopf möchte sich nichts zusammenlegen. // Die ganze Zeit schon. / Nee, das hat keinen Sinn. Ich verrechne mich die ganze Zeit. // Das geht irgendwie gar nicht. Ich bin, ich habe überhaupt keine Ahnung was ich tun soll, weil ich irgendwie alles falsch mache und so.	

1:20	Gleich mal vorneherein: Ich fand die Aufgabe echt schwierig. /////	
3:48	Ich muss halt erstmal irgendwas suchen, was mir überhaupt weiterhilft. /////	
9:33	Klingt für den Anfang gut, aber ich wusste bei der Aufgabe auch wirklich überhaupt nicht so womit ich anfangen soll. Ich glaube, das war auch eher Zufall, dass ich diese Formel gefunden habe. Ohne Formelsammlung hätte ich gar nicht anfangen brauchen, glaube ich. /////	
12:48	Wenn man das alles irgendwie...wenn man wenigstens einen Winkel gegeben hätte oder wenn das halt ein Rechtwinkliges gewesen wäre, dann hätte man das alles irgendwie leichter erschließen können, aber so, wenn man irgendwie gar nichts weiß, nur diese Information hat, finde ich das unheimlich schwer. Also soweit kam ich nicht, nee. /////	
28:48	Und da war ich auf jeden Fall schon verwirrt. Ich, mein Kopf...keine Ahnung. /////	
33:48	Normalerweise braucht man für so eine, für das Auflösen von so einer Klammer höchstens 5 Minuten wirklich, aller höchstens und ich merke, dass ich da überhaupt keine Ahnung mehr hatte was ich mache, weil irgendwie mein Kopf war total auf „aus" gestellt war oder weiterhin ist. Ich kann immer noch wirklich nicht mich irgendwie ordnen und, dass ich überhaupt das war alles komplett durcheinander.	
37:06	Ehrlich gesagt, ich weiß auch bisher nicht, was ich anders machen würde also. //// Also ich meinte damit das Auflösen der Klammer. Die Aufgabe ist extrem schwer. Ich meine ich verstehe den Sinn dahinter, weil man da extrem viel nachdenken musste, aber es hat bei mir irgendwie Gedankensalat gegeben. /////	
40:26	Ich habe das immer dann auch noch mit dem versucht zu vergleichen, was dann im Nachhinein raus kommen sollte, aber ich habe da überhaupt keine Parallelen bei gesehen. / Selbst wenn der Kosinus irgendwie ausrechenbar wäre. /////	

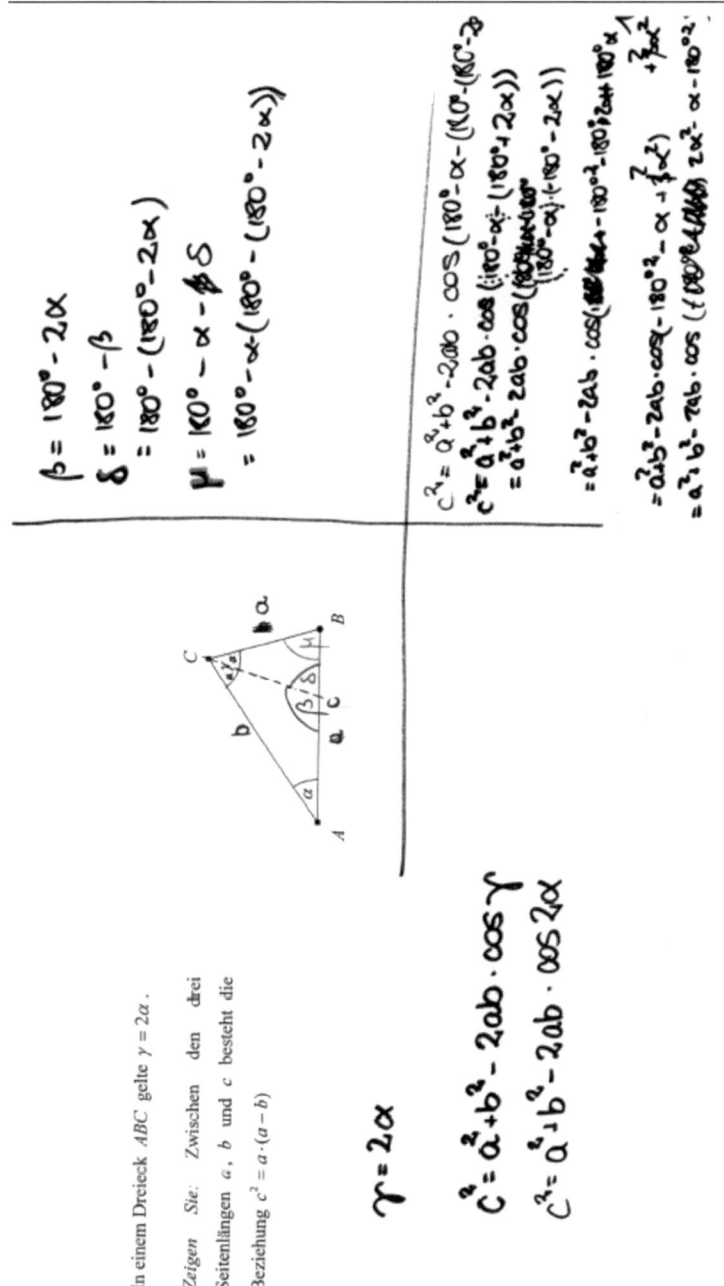

0:08	In einem Dreieck *ABC* gelte $\gamma=2\cdot\alpha$. Zeigen Sie: Zwischen den drei Seitenlängen *a*, *b* und *c* besteht die Beziehung $c^2=a\cdot(a+b)$.	
0:30	Ah, interessant. Also man soll irgendwie zeigen, // dass $\gamma=2\cdot\alpha$ ist. Und dann noch, dass $c^2=a\cdot(a+b)$ ist. // Ja. /	
1:19	Also zuerst könnte man ja irgendwie. //// Ja, ok. /	
1:55	Also es ist ja kein rechtwinkliges Dreieck, deswegen ist ja nicht $a^2+b^2=c^2$. Ich schreib erstmal die Seiten. Also das ist *c* und das ist *a* und das ist *b*. [schreibt die kleinen Buchstaben an die jeweiligen Seiten, c nach unten, a nach rechts und b nach links] So. und jetzt soll das Ding hier [deutet ein Quadrat unter der Seite c an] dem [deutet ein Quadrat an der Seite a an] und dem und dem [deutet auf die Seiten a und b] entsprechen. Mh. [schlägt die Formelsammlung auf]	
3:09	Gleichseitig ist es schon mal nicht. // Ja, alle Seiten sind verschieden lang. [schaut in der Formelsammlung]	
4:03	Ok. [umrandet in der Aufgabenstellung die Gleichungen $\gamma=2\alpha$ und $c^2=a\cdot(a+b)$ in rot] Na hier steht aber irgendwie nichts drin. [blättert in der Formelsammlung]	
5:04	Na hier. /// Was haben die hier eingezeichnet? Irgendwie so was. [deutet die Höhe von b an] und dann sowas [deutet die Höhe von c an] und dann? $\frac{hc}{hb}$. // Ok. /// Ok.	
6:14	Wir könn ja erstmal schreiben $\alpha+\beta+\gamma=180°$. [schreibt die Gleichung hin] //////// [klappt die Formelsammlung zu und legt sie bei Seite] So. ////	
7:27	Vielleicht kann man da irgendwie … weitern. Das man die wieder irgendwie länger zieht oder so. [verlängert die Seite b nach unten] Die auch. [verlängert die Seite c nach links] [verschiebt die Seite a parallel in den Punkt A] // Und dann wird das wieder γ und das wär α. [beschriftet den Winkel gegenüber von α als ebenfalls als α und den Winkel darunter als γ] // Mh, ne. /	
8:46	Irgendwie, dass man die so aufeinander legen könnte, das wär ganz gut. 850	
9:13	Also hier könnte man noch $\alpha+\beta+2\cdot\alpha=180°$. [schreibt die Gleichung unter die andere] Also $3\cdot\alpha+\beta=$. [schreibt die Gleichung darunter: $3\alpha+\beta=180°$] ////	
10:02	[schreibt die Gleichung „$3\alpha=180°-\beta$" darunter] [schreibt „ $\|:3$" dahinter] [schriebt die Gleichung „$\alpha=\frac{180°}{3}-\frac{\beta}{3}$" darunter] [schreibt die Gleichung „$\alpha=60°-\frac{\beta}{3}$ darunter] /	
10:48	Na das bringt einem ja auch irgendwie nichts. // Aber das müssen wir ja eigentlich gar nicht beweisen. Wir müssen ja nur beweisen. Stimmt. Das ist eigentlich alles Quatsch. Man muss ja nicht beweisen, dass y, äh, $\gamma=2\alpha$ ist. Man muss ja eigentlich nur beweisen, dass diese drei Seitenlängen in dieser Beziehung stehen. Ja, ok. //////	
12:06	Vielleicht bringt das ja doch was mit diesem Höhendingsda. [nimmt die Formelsammlung zur Hand] [zeichnet die Höhe von c ein, schreibt hc dran	

	und macht den rechten Winkel kenntlich] [zeichnet die Höhe von b ein, schreibt hb dran und macht den rechten Winkel kenntlich] [zeichnet die Höhe von a ein, schreibt ha dran und macht den rechten Winkel kenntlich] Und was war das? $\frac{hc}{hb} = \frac{b}{c}$. /// Aber das bringt, glaube ich, auch nichts. / Ne, dass muss irgendwie, dass das total irgendwie … mit dem Winkel. [schaut in die Formelsammlung] Mh.
15:37	Ach ich weiß nicht, wie man das machen soll. [schaut in die Formelsammlung] Ok. [schreibt auf: allgemeines Dreieck:] [schreibt darunter: $\frac{a}{sin\alpha} = \frac{b}{sin\beta} = \frac{c}{sin\gamma}$] [schreibt darunter: $c^2 = a^2 + b^2 - 2ab \cdot cos\gamma$] Ok. Vielleicht ist das ja so ganz richtig. [zieht eine grüne Linie unter die Gleichungen] Das man dann da irgendwie / das. //////
17:58	Cosinus ist gleich Ankathete durch Hypotenuse. [schreibt auf: cos = $\frac{ankathete}{hypotenuse}$] Also der Cosinus von dem da [deutet auf den Winkel bei C] wäre dann das durch das also a durch b. [schreibt hinter die letzte geschriebene Gleichung: = $\frac{a}{b}$] /////
19:10	Aber $\gamma=2\alpha$. /////// Könnte man da nicht irgendwie dieses $2\cdot ab$ [schreibt das auf] ist gleich $2\cdot a\cdot$ [schreibt das darunter], was ist b? b ist gleich / $\frac{sin\beta\cdot c}{sin2\cdot\alpha}$. [schreibt die Gleichung zu Ende hin] / Und α ist ja gleich, äh, a mein ich. $2\cdot\frac{sin\alpha\cdot c}{sin2\alpha}$. [schreibt die Gleichung hin] / Vielleicht kann man das ja dann irgendwie so umschreiben, dass dann $= 2 \cdot \frac{sin\alpha\cdot c}{2\cdot sin\alpha} \cdot \frac{sin\beta\cdot c}{2\cdot sin\alpha}$. [schreibt die Gleichung hin] So, dass man das dann irgendwie das kürzen kann. [streicht die Zwei am Anfang und die im ersten Bruch durch] Das kürzen kann. [streicht das sinα im Zähler des ersten Bruches durch] Dann noch. / $\frac{c^2\cdot sin\beta}{2\cdot sin\alpha}$. /
22:26	Ich hab keine Ahnung, ob das stimmt. Und das stimmt bestimmt nicht. ////// Das ist irgendwie schwierig. / Ich glaub, da kommt man nicht weiter. / Ich hätte gedacht, dass man irgendwie dann dieses Cosinus von γ raus kürzt und dann auch noch die Zwei und das b^2 und das $+ab$ wird. / Aber das kriege ich irgendwie nicht hin. ///
24:03	Und wenn man das irgendwie, so macht. [verlängert die Seite b nach oben hin und verschieb diese Linie dann parallel nach unten in den Eckpunkt B] Naja andersrum, ne?! Ja, ok. [zeichnet das Quadrat über der Seite a] // Mh. [zeichnet ein Rechteck an die Seite b] … so irgendwie. Und das ist dann. [zeichnet ein Viereck an die Seite c] Mh. ///////// [nimmt die Formelsammlung zur Hand]
28:11	[schreibt auf: sinx = cos(90°-x)] Also wär jetzt zum Beispiel / Sinus, Cosinus. [schreibt auf: sinγ = cos(90°-γ) und darunter: sinα = cos(90°-α)] Mh. / Also das β wird keine Rolle spielen. / Mh, irgendwie. / Mh. / Nützt das alles nichts. /////////// /
30:36	Ich weiß nicht, was man da jetzt noch tun könnte. In der Formelsammlung da steht bestimmt irgendwas drin, aber irgendwie kann ich das nicht nutzen. / Ja. Ja, ich weiß nicht auf, wie. Weil irgendwie. // Und das ja jetzt so machen. Mh. // Ne, ich weiß nicht. /// Na, irgendwie, dass das sowas gibt, dass man beweis, wenn irgendein Winkel doppelt so groß ist, wie der andere, dass

	dann irgendwie die Seiten, das b dann. /// Normalerweise wär es ja $a^2 + b^2$, ja, minus dieses komische Dingsda. / Aber irgendwie gilt das hier nicht. Die Frage ist jetzt, wie man das herausfindet. / wär $a·a+a·b$, muss dann irgendwie $c·c$ ergeben. // Mh, das ist schwierig. / Ja. Ja, eigentlich. Ne. Weil b kann ja nicht a sein, das sieht man ja auch in der Zeichnung. //////
33:44	Und wenn man irgendwie. ////// Ne. Das bringt uns auch nichts. Weil $a·b$ ist ja eigentlich sowas vom Rechteck. Der Flächeninhalt. Und $a·a$ von einem Quadrat. Und das muss irgendwie c^2 ergeben. //// Ach, keine Ahnung. Irgendwie, habe ich da keine Idee. Das bringt ja auch irgendwie nichts wenn das, wenn ich das alles was in der Formelsammlung steht. Weiß nicht, wie soll man das denn dann. Man hat ja da diesen einen Satz da $c^2 = a^2 + b^2 - 2ab · cos\gamma$. Aber das bringt mir in dem Fall doch gar nichts. Ich weiß doch gar nichts. Ich weiß doch nur, dass $\gamma=2·\alpha$ ist. Aber das ist jetzt auch schön und gut. / Eigentlich müsste mir dann gleich das was sagen wahrscheinlich, aber tut es nicht. Ich weiß nicht, was das bringen soll. Wie ich die Info, wie ich dieses Gegebene verwenden kann. ... gut. //// Ja, ja. //// ... irgendein. Ne.
36:57	Kann ja nicht irgendwie dann die Winkel so aufeinander packen. Weil was bringt das denn auch. Dann weiß man doch trotzdem nicht, das $c^2=a·(a+b)$ ist. Das weiß man doch dann nicht. Das muss man irgendwie anders rauskriegen. //////////
38:10	Mh, $sin\beta=\frac{a·b}{sin\alpha}$. [schreibt die Gleichung auf] / Also wäre dann //// Ok, ich versuch das jetzt. $c^2 = a^2 + b^2 - 2ab · cos\gamma$, so. [schreibt die Gleichung auf] / So $a^2 + b^2$ lassen wir erstmal so stehen [schreibt es auf] / und $2·a$ ist ja $\frac{sin\alpha·b}{sin\beta}$. [schreibt für a den Bruch hin] / Ähm. [sieht etwas in der Formelsammlung nach] [schreibt eine Gleichung auf, die man nicht erkennen kann] $b=\frac{sin\beta·a}{sin\alpha}$. [schreibt für b den Bruch auf] // · // $cos2\alpha$. [schreibt es hin] /// [schreibt eine Gleichung darunter die man nicht erkennen kann] /// [nimmt den Taschenrechner zur Hand und tippt etwas ein]
42:47	Der Sinus von 90 ist gleich. // Mh. // [tippt etwas in den Taschenrechner, legt ihn dann bei Seite] Da kommt nichts raus. / ... Sinus von $90°$. [sieht in der Formelsammlung nach] Das ist Eins. // Mh. [schaut wieder in die Formelsammlung] // [schreibt etwas auf, was man nicht erkennen kann] //////
45:22	$cos2·\alpha=cos2\alpha-sin2\alpha$ und das $= 1-2·sin\alpha = 2·cos2\alpha-1$. [schreibt die Gleichungen hin] Alles klar. Ist doch logisch, dass das da raus kommt. Ja. // Mh. [streicht eine Rechnung wieder durch] // Irgendwie ist das noch nicht so ganz meine Vorstellung, meiner Vorstellung entsprechend. / Summen und Differenzen des doppelten und des halben Winkel. // Ja, ich kann damit ja nicht soviel anfangen. // Versteh ich nicht. //////////
48:02	$Sin, a.$ // $2·sin\alpha cos\alpha=\frac{2·tan\alpha}{1+tan^2\alpha}$. [schreibt auf: $sin2\alpha=2·sin\alpha cos\alpha=\frac{2·tan\alpha}{1+tan^2\alpha}$] Na prima. ... $a=\frac{sin\alpha·c}{2·sin\alpha cos\alpha}$ [schreibt die Gleichung auf] /// Beziehungsweise $sin\alpha·c$ [schreibt auf $=\frac{sin\alpha·c}{}$] durch /// ne, Moment. [streicht das Hingeschriebene wieder durch] $a=\frac{sin\alpha·c}{sin}$. [schreibt auf: $\alpha=\frac{sin\alpha·c}{sin\alpha\alpha}$ die Gleichung nicht zu Ende auf] Ne, doch nicht. Ich hatte gerad irgendwie. naja obwohl. [streicht die Gleichung wieder durch] Dann wär das sin, ne das kürzt man ja raus.

	[schreibt es hin und streicht es wieder durch] c durch, $a=\frac{c}{2\cdot cos\alpha}$. [schreibt die Gleichung auf] Und c wäre dann /// c wäre dann $sin2\alpha$ // $\cdot a$ durch $sin\alpha$. [schreibt auf: $c=\frac{sin2\alpha\cdot a}{sin\alpha}$] das wär dann gleich. Was war das? $=\frac{2\cdot sin\alpha cos\alpha\cdot a}{sin\alpha}$. [schreibt die Gleichung darunter und streicht die „$sin\alpha$ durch] Also $=2\cdot cos\alpha\cdot a$. [schreibt das drunter] 5105	
51:13	Ok, und wenn man das hier einsetzten würde, wäre das dann $a=(\frac{c}{2\cdot cos\alpha})^2 + b^2 - 2\cdot(\frac{c}{2\cdot cos\alpha})\cdot b\cdot cos2\cdot\alpha$. [schreibt die Gleichung auf] Das heißt $=(\frac{c}{2\cdot cos\alpha})+b^2-2\cdot(\frac{c}{2\cdot cos\alpha})\cdot b\cdot cos\alpha - sin\alpha$. [schreibt das darunter] Oder. [streicht „$cos\alpha - sin\alpha$" wieder durch und schreibt die Verbesserung darunter] $2\cdot cos\alpha$-1. // Also $=\frac{c^2}{4\cdot cos\alpha^2}+b^2-\frac{2\cdot c\cdot b\cdot 2\cdot cos\alpha-1}{2\cdot cos\alpha}$. [schreibt das darunter] Kann man dann irgendwie hier kürzen. [streicht die erste Zwei im Zähler und Nenner jeweils durch] ////////// [streicht den Zähler durch und schreibt etwas darüber, was man nicht erkennen kann] // [schreibt eine Gleichung hin, die man nicht erkennen kann] Keine Ahnung ob das, das sieht irgendwie total bescheuert aus. ///	
55:47	$c=\frac{2\cdot cos\alpha\cdot a\cdot b\cdot cos\alpha-sin\alpha}{cos\alpha}$. [schreibt die Gleichung hin] Das ist gleich c durch. [schreibt eine Gleichung auf, die man nicht erkennen kann] [streicht jeweils das erste „$cos\alpha$" in der vorigen Gleichung im Zähler und Nenner durch] 2 mal. [schreibt eine weitere Gleichung die nicht erkennbar ist auf] // $b=\frac{sin\beta\cdot a}{sin\alpha}$. [schreibt die Gleichung hin] ... ///// Na. [schreibt eine Gleichung, die man nicht erkennen kann auf] $2\cdot\frac{c}{2\cdot cos\alpha}\cdot\frac{sin\beta\cdot a}{sin\alpha}\cdot cos^2-\cdots$. [schreibt die Gleichung hin] / Das ist gleich. // Na, das kann man ja kürzen. [streicht etwas durch] //// $\frac{c^2}{4\cdot cos^2\alpha}+\frac{sin2\beta\cdot a^2}{sin^2\alpha}-\frac{c\cdot sin\beta\cdot a\dots}{cos\alpha\cdot sin\alpha\dots}\dots$. [schreibt eine Gleichung auf, die man nicht erkennen kann] / Ok. Cosinus. [kürzt etwas weg] /	
1:00:26	Ok. ///// das mich ich irgendwie so raus kürzen, dass da nur noch c^2 übrig bleibt. / Na.	

Anlage 11: Audiotranskript der Versuchsperson 4 (VS-VP4-S5 Audio)

0:54	Ja, dass. // Das hab ich ja am Anfang irgendwie falsch verstanden, weil das ist ja, das war ja eigentlich nur gegeben, dass $\gamma=2\cdot\alpha$ ist und das musste man ja eigentlich nicht noch mal beweisen. Aber ich hab das irgendwie falsch verstanden. ///////
1:59	Ja, dass wär ja viel zu einfach. Dann hätte die Aufgabe ja gar keinen Sinn. ////////
2:47	Ich weiß gar nicht, ob ich richtig eingezeichnet habe, ob das a, b und c ist. Aber ich glaube schon. Weiß ich aber nicht. Hab ich so spontan gemacht. // Ne. / Richtig. Würd ich auch sagen. /////
3:52	Ja, vorher wurde mir gesagt, dass ich ja schön die Formelsammlung benutzen könnte und deswegen dacht ich so, ja, vielleicht steht da ja was ganz nützliches drin. Aber irgendwie, weiß ich nicht, habe ich da nichts zu gefunden. ////// Also in der Formelsammlung steht viel drin. Aber irgendwie habe ich nichts gefunden, was zu dem, was zu der Aufgabe passt. //////
5:10	Ich dachte dann vielleicht irgendwas, dass das mit Winkeln … das ist ja α und γ gegeben, dass man dann irgendwie mit den Winkeln, dann irgendwie darauf kommt, das $c^2 = a \cdot (a + b)$ ist. /////////// /////////// //
7:40	Hab dann gedacht, also ich wollte dann ja erstmal beweisen, dass $\gamma=2\cdot\alpha$, weil ich dachte, man muss das machen. Dann dacht ich irgendwie, dass man das mit dem, mit diesem Winkel. Wie heißt das? Mir fällt der Name grad nicht ein. / Macht. Mit diesem Winkelsatz da. ////////
8:52	Obwohl ich das auch gar nicht beweisen muss. Mensch. So vergeudet man Zeit. ////////// ////////
10:43	So, jetzt habe ich gemerkt: Moment mal, das bringt ja nicht so viel. /// Ja. ///////////
12:09	Man muss einfach alles ausprobieren. / Vielleicht hat man ja Glück und es ist was dabei. Schlau ist man sowieso erst immer hinterher. /////////// ////////
14:00	So, dann dachte ich, es hat irgendwas gebracht, dass ich dieses, diese / Höhen da eingezeichnet habe. /////////// //////////
16:05	Habe ich einfach gedacht: packste die Formelsammlung aus und dann guckste so, was zum allgemeinen Dreieck steht und da steht bestimmt irgendwas und das kannste bestimmt irgendwie gebrauchen. /////////// /////////// ////////
18:54	Jetzt habe ich überlegt, dass, ob man diese Formel da irgendwie so umstellen kann, dass da $c^2 = a \cdot (a + b)$ rauskommt. Da haben mich aber noch so ein paar Sachen noch dran genervt und die wollte ich dann irgendwie beseitigen. Aber ich hab es nicht hinbekommen. /////////// //////
21:50	Da habe ich alles Mögliche versucht, wegen diesen beiden Formel, irgendwie, die irgendwie zusammen zu bringen. //
22:31	[lautes Geräusch] Upsi, da hab ich gegen irgendwas gegen gestoßen. ///////

24:20	Da habe ich mir gedacht, da zeichne ich einfach so die, also, dieses a^2 und $b \cdot a$ und c^2 ein und dann sieht man schon irgendwie, dass das so sein muss. /////////// //////////// //	
26:50	Ja, da habe ich gesehen, irgendwie passt das nicht so ganz, weil man ja auch gar nicht weiß, wie lang a, b und c sind. Man weiß ja gar nicht wie groß α und γ sind. Man muss einfach nur irgendwie das so theoretisch machen und gar nicht so viel rechnen. Aber dazu muss man lange überlegen und irgendwie hatte ich da noch nicht so, noch nicht so den Draht raus, wie man das denn lösen könnte. / und dann habe ich geguckt irgendwie was man noch so für Cosinus schreiben kann, für α und für $sin\alpha$ und wie viel Cosinus Sinus ist und das wusste ich ja, das weiß ich ja alles gar nicht. Also musste ich alles nachgucken. /////////// ///////	
29:21	Ja, also langsam ist man dann schon am verzweifeln an der Aufgabe. / Und man weiß irgendwie nicht mehr weiter, was man denn jetzt noch ausprobieren könnte, weil man ja nicht weiß, wie man das lösen soll und, hach, ich weiß auch nicht. Ne, irgendwie kommt man dann irgendwann, denkt man so, dass man einfach zu doof dafür ist. / Das man einfach nicht das Wissen hat, was man für die Aufgabe braucht und dass man das nicht irgendwie schaffen kann. Dass das einfach nicht geht. Dass man die Leute dafür bewundert, die das können. Aber dass man das selber dann irgendwie nicht kann. Und das macht einen auch irgendwie traurig, weil man will das doch unbedingt, man will doch das hinkriegen. Aber irgendwie klappt es dann einfach nicht. ///////////	
31:26	Ja, dann sitzt man da so rum, guckt sich das alles an. //// Und dann überlegt man: vielleicht steht da irgendwas über, in der Formelsammlung, wenn das doppelt so groß ist. ///	
32:20	Dann habe ich noch überlegt, ob das nicht irgendwie, ob b nicht doch a ist. Aber man sieht ja, dass a nicht b sind. Ich weiß auch nicht, irgendwie. /////////// //////////	
34:18	Ich hab gedacht, vielleicht ist a ja nicht irgendwie. /////////// //////////	
36:26	Na, mh. // Ich glaub in dem Moment hab ich eh schon aufgegeben. /////////// /////////// ////////// ////////	
40:27	Dann habe ich eine Seite gefunden in der Formelsammlung, wo steht, äh, das um die doppelten Winkel oder halbe Winkel oder irgendwie sowas. ////////	
41:27	Dann dachte ich so, ja, irgendwie umformen, dann kommt man schon irgendwie auf c^2. Aber naja, hab ich ja nicht ganz geschafft. /////////// //////////	
43:32	Weil ich den Taschenrechner einfach nicht bedienen konnte. Der Sinus von $90°$ ist glaube ich 1. //// Mal sehn, ob das was bringt. /////////// //////////	
45:54	Ja, da habe ich dann irgendwas Komisches gelesen in der Formelsammlung. Irgendwas total Unbegreifliches. Was ich überhaupt nicht verstanden habe. Was ich einfach so hingenommen habe, weil ich meine, wenn das in der Formelsammlung steht, dann wird das schon stimmen. Und, ja. //////////	

47:12	Ja, man soll ja nicht so lange überlegen warum das so in der Formelsammlung steht und nicht warum man das nicht versteht, sondern einfach nur benutzen, wenn man nur so wenig Zeit hat. / Ich mein, dass ist gut, wenn man das nicht versteht und man das verstehen will, aber ich glaub da hätte es dann nochmal zwei Stunden gedauert. /////////// //////	
49:10	Dann hab ich überlegt und umgeformt. Aber ich glaube nicht, dass das irgendwas gebracht hätte. /////////// /	
50:25	Ich hab dann einfach irgendwas versucht, damit ich da irgendwie irgendeine Lösung kriege. Die ich nicht bekommen habe. Aber dass ich nicht irgendwie, dass ich sagen könnte, dass ich alles versucht hätte. So. /////////// /////////	
52:35	Das war dann irgendwann so viel Sinus und Cosinus und α und β und γ und Quadrat und nicht Quadrat und irgendwie total unübersichtlich. /////////// /////////// ////	
55:13	Und ja, da dachte ich dann: toll und das soll jetzt c^2 ergeben. Na prima. /// Ja, alles drunter und drüber und Sinus und Cosinus und ja, also. ich würd sagen, das führt nicht zum Ergebnis. Da gibt es bestimmt eine einfachere Lösung. // Und dann kann man natürlich die ganzen Buchstaben wieder durch irgendwas anderes ersetzten und das und dies und dann kann man alles kürzen und dann kommt das, was man am Anfang hatte, die Formel, kommt dann wieder raus und dann ist das alles irgendwie ein bisschen nicht so, nicht so lösungsorientiert. /////////// /////	
57:57	Ist mir gar nicht aufgefallen, dass ich auch die ganze Zeit mit Kugelschreiber geschrieben hab, obwohl ich ja eigentlich mit Edding schreiben wollte. / Aber irgendwie habe ich das nicht gemerkt. Ich war so vertieft in mein Sinus-Cosinus-ABC, α-β-γ-Term. /////////	
59:11	Wenn man alles kürzt und dann kommt das erste wieder raus. Wahrscheinlich. … habe ich aber gesehen, dass das nichts ist, nicht so das Wahre. //// Gleich ist die Zeit um. / Der ganze Bruchstrich geht schon durch die ganze Seite. / Ha, ich glaub, das geht auch irgendwie einfacher. Nur man muss dann erstmal die geniale Idee haben, um das dann so richtig einfach zu machen. / Weil ich glaub, auf diesem Weg wäre man nicht zum Ergebnis gekommen. //// Ja. Jetzt habe ich überlegt, was man den jetzt noch ändern könnte. / Und dann war die zeit auch schon wieder um.	

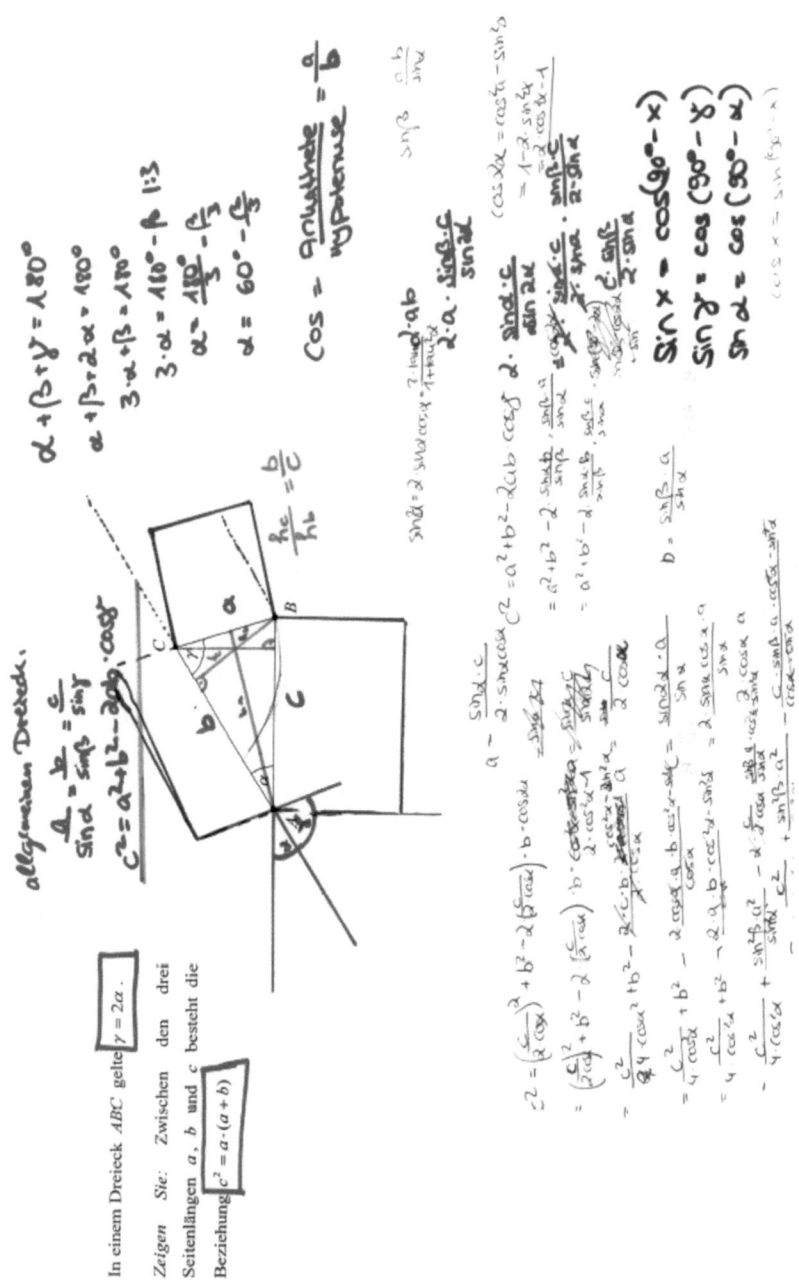

0:41	Na erstmal die Seiten bezeichnen, um einen leichten Überblick zu bekommen. a, b, c. naja, was man aus der Formel heraus sehen kann ist ja, das … jetzt habe ich den Namen vergessen. Also, $a^2 + b^2 = c^2$. [schreibt die Formel hin] Und. / Naja. ///
1:34	… hätte man ja nach. Wenn man das hier auflösen würde, hätten man ja ab, $a^2 + ab$. [schreibt die Gleichung hin] Warum da jetzt ab steht. ///////
2:30	[sieht in die Formelsammlung] Ja, die … wird ziemlich bedeutungslos sein, also, muss man uns mal kurz einen Überblick verschaffen. [putzt sich die Nase]
5:18	Naja ist definitiv kein rechtwinkliges Dreieck. [blättert weiter in der Formelsammlung] Shit. Mh. /////////// /////////// /////////// ////
9:53	[legt die Formelsammlung auf das Blatt] /////////// /////////// //
12:07	[blättert in der Formelsammlung] /////////// ///
13:25	[blättert in der Formelsammlung] Mir fällt. … mal sagen, mir fällt echt nichts ein. [legt die Formelsammlung zur Seite] / das einzige was mir grad so aufgefallen ist, dass der Satz des Pythagoras eigentlich ja für rechtwinklige Dreiecke angewandt werden kann. … [blättert in die Formelsammlung] Rechtwinklige Dreiecke. //////
15:20	Mh, hier ein … [zeichnet ein Quadrat an die Seite a] dann hier eins. [zeichnet ein Rechteck an die Seite c] Richtig? Und hier. [zeichnet ein Rechteck an die Seite b] //////// [blättert in der Formelsammlung] [zieht die zur Seite c parallele Seite nein paar mal mit dem Stift nach] //////
17:51	Das ist doppelt so groß wie a. //// das ist kleiner als … ach das ist doch …//////// … /////////// ////////
20:42	[schreibt ein c hin] c^2. /////////// /////////// /
22:55	[legt das Geodreieck an das Dreieck an] /////////// ////
24:43	Wenn wir a und b betrachten ja. Ein Rechteck in der Form [zeichnet ein Rechteck auf] das ist die Seiten zusammen, stimmt. Und das hier. [schreibt „a·b" an das Rechteck] Das Ganze $+a^2$. [schreibt „$+a^2$" unter das Rechteck und macht ein Quadrat dahinter] //
25:27	$α$ ist ja definitiv kleiner als $45°$ [schreibt hin: α<45°] und / ja, $γ$ ist ja doppelt so groß also auch, mh, kleiner als $90°$. So. aber großer als $45°$. [schreibt darunter: 45°<γ<90°] //// Ist gleich $2·λ$, äh $α$. [schreibt unter das $γ$: „$=2α$"] /////////// /////////// ////////
29:00	[schreibt an das c eine hoch2 dran und macht dahinter ein =] /////////// ////////
31:03	Mir fällt total dieser erste Schritt, also wo ich jetzt, irgend so ein erster Ansatzpunkt. /////////// /
32:16	… [schreibt hinter „$c^2=$": a·(a+b)] /////////// /////////// ////////
35:09	[legt das geodreieck an] Mal klären, nur so aus Interesse. [nimmt den

	Taschenrechner zur Hand] Wissen, ob das so funktioniert. [legt den Taschenrechner wieder weg] ////// [schreibt etwas hin, was man nicht erkennen kann] / Und gleich. Und … [schreibt etwas hin, was man nicht erkennen kann] [schreibt etwas darunter, was man nicht erkennen kann] [schreibt noch etwas auf, was man nicht erkennen kann] //// 10. [schreibt etwas auf, was man nicht erkennen kann] … [streicht alles wieder durch] // [nimmt den Taschenrechner zur Hand]	
39:08	… ich wollt gucken, ob das, ob ich das überhaupt hinkriege mit dem was … wenn man nur eine Seite angegeben hat, die beiden anderen rauszukriegen. Aber irgendwie. / Ist es auch unwichtig. [legt den Taschenrechner wieder weg] /////////// /////////// //////////	
42:35	[steht auf und geht]	

Anlage 15: Audiotranskript der Versuchsperson 5 (VS-VP5-S5 Audio)

0:57	Na, also … /////////// ///////
2:40	Da habe ich mir halt gedacht, dass, na, dass ich vielleicht irgendwie durch, na das Rumblättern irgendeine Formel finden könnte, was einem weiter helfen kann. / Zumal ich mir auch nicht sicher war, ob man, weil ja bei diesem Winkel, äh, also im Dreieck, Satz des Pythagoras anwenden kann. Weil ich glaub, weil man es ja, glaub ich, soweit nur bei rechtwinkligen Dreiecken benutzen kann. /////////// /////////// /////////// /////////// /////////// /////////// /////////// ////
10:37	Währenddessen ist mir weiterhin nichts wirklich dazu eingefallen, wo man einen Ansatz herhaben könnte. Wo man irgendwie, ja, ansetzen könnte und von da aus einen Anfangspunkt hätte, also, zum Rechnen, zum Weiterrechnen. Und, ja, ich hab mir dann in der Formelsammlung die Bereiche, die … Bereiche fürs Dreieck angeschaut und die Formeln und ob wohl, dass … Formeln, die da gegeben sind irgendwie weiterhelfen kann. /////////// /////////// /////////// /////////// /////////// /////////// /////////// /////////// ///////////
21:18	Ich hab mir die ganze Zeit Überlegungen gemacht, wie man das sonst schreiben könnte oder wie man, womit man das sonst noch verbinden könnte und ja. Ich habe, ehrlich gesagt, keine wirkliche Lösung gehabt oder überhaupt eine Idee, wie es sein könnte. /////////// /////////// /////////// /////////// /////////// /////
27:12	Ja, da habe ich das, was ich, die … ich irgendwie habe, da hingeschrieben. Aber immer noch keine Idee für einen Ansatz oder sowas. /////////// /////////// /////////// /////////// /////////// /////////// /////////// /////////// /////////// /////////// /////
38:53	Na irgendwie hab ich da versucht die Formel mal. Gab auch keinen Grund also ich weiß auch nicht was, wie ich auf die Idee kam, ehrlich gesagt. Einfach nur so. und was ich versuche mit der Formel, na nachzugucken ob, wenn man c gegeben hat, dann die andern Seiten berechnen kann. Aber … nicht. /////////// /////////// ///////////
42:13	Und da saß ich die ganze Zeit und hatte einfach gar keine Ahnung. Wenn ich ehrlich bin, weiß ich jetzt immer noch nicht, wie das, wo man jetzt einen Ansatzpunkt finden sollte. Also ich hab es nicht geschafft. ///////////

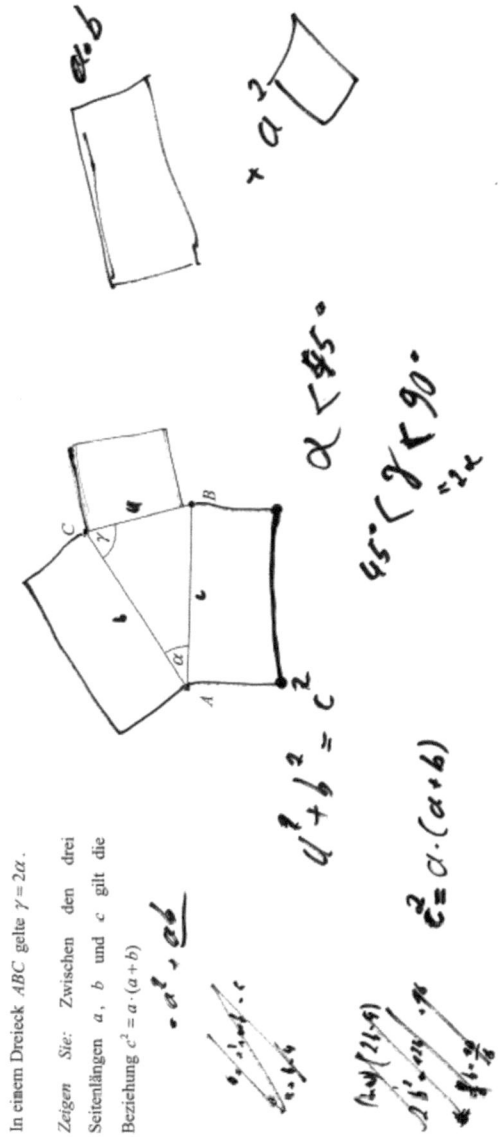

In einem Dreieck ABC gelte $\gamma = 2\alpha$.

Zeigen Sie: Zwischen den drei Seitenlängen a, b und c gilt die Beziehung $c^2 = a \cdot (a+b)$